LA GARDE IMPERIALE RUSSE

1896-1914

Maquette : Eliane CROCÉ.

Photographe : Stephan CIEJKA.

Gérard GOROKHOFF - Patrick de GMELINE

LA GARDE IMPERIALE RUSSE
1896-1914

CHARLES-LAVAUZELLE
PARIS - LIMOGES

†

A LA MÉMOIRE DE L'EMPEREUR
NICOLAS II
DERNIER TSAR DE RUSSIE
ET À CELLE
DE TOUS CEUX QUI FORMÈRENT
AVEC ORGUEIL ET FIERTÉ
SA « GARDE »

PRÉFACE

Il est courant, en présentant un nouveau livre, de prétendre que celui-ci vient combler une lacune... En l'occurrence, cet ouvrage peut sans crainte l'affirmer.

En effet, d'après la bibliographie publiée en 1968 par M. Marvin Lyons à l'Institut Hoover, le livre le plus récent consacré à la Garde Impériale russe dans son ensemble fut publié à Saint-Pétersbourg en 1878, voici plus d'un siècle, sous la signature du général-lieutenant baron Steinheil. Depuis la chute de l'empire russe, aucun ouvrage n'est venu, soit sur le plan de l'histoire pure, soit sur celui de l'iconographie, renseigner le public sur cette glorieuse Garde Impériale.

Seuls les spécialistes disposent de l'œuvre monumentale de Wladimir Zweguintzov, consacrée à l'armée russe dans son ensemble, publiée en émigration à un petit nombre d'exemplaires et des études uniformologiques de John et Boris Mollo (Blanford Press), elles aussi consacrées à l'entière armée russe.

Cet ouvrage est donc plus qu'une nouveauté. Il est né de l'amitié de deux collectionneurs, tous deux d'origine russe. Gérard Gorokhoff et Patrick de Gmeline se connaissent de longue date. Le premier, ayant réuni l'une des plus belles collections consacrée à l'Armée Impériale russe, a converti le second à sa passion. Patrick de Gmeline est donc lui aussi devenu collectionneur. Petit fils d'un officier des Lanciers de la Garde, il possédait déjà un certain nombre de photographies familiales se rapportant à « son » régiment. Un jour, voici cinq ans, tous deux ont décidé de constituer une collection de clichés consacrée uniquement à la Garde. De la collection à la publication, il n'y avait qu'un pas.

De quelques dizaines de photographies au départ, Patrick de Gmeline et Gérard Gorokhoff sont arrivés à en réunir plusieurs centaines glanées dans toute l'Europe et même au-delà. Collection unique en son genre, par son étendue, sa variété, sa richesse. Constituée à force de patience et d'opiniâtreté. La plus grande partie, grâce aux éditions Lavauzelle et Guy Devautour, en est ici publiée.

Le but des auteurs est quadruple :

Tout d'abord rendre hommage à ces hommes, officiers et soldats, qui formèrent, sous Nicolas II, cette véritable armée d'élite qu'était la Garde Impériale. Innombrables furent ceux tués durant la guerre, la révolution et la Guerre civile ou morts dispersés aux quatre coins du monde. Leur fidélité à leur Empereur, à sa dynastie comme à leur idéal, constitue l'un des plus beaux exemples d'abnégation militaire.

Faire connaître à un large public, pour la première et peut-être la dernière fois, cette Garde auréolée d'un prestige suranné mais vivace, montrer la splendeur et la variété des uniformes, des armes, des pièces d'équipement. Descendants de Russes blancs, qu'ils aient ou non servi dans la Garde, amateurs d'histoire, passionnés de photographie, tous seront intéressés par le sujet.

S'adresser au public chaque année plus nombreux des collectionneurs de « militaria », des spécialites de l'uniformologie, leur fournir un document de référence qui, non seulement par les photographies, mais encore par les légendes, les textes explicatifs, les chapitres historiques, constitue une source sérieuse basée sur une documentation difficilement accessible.

Enfin, fixer par ce livre, des souvenirs photographiques pour la très grande majorité inédits, fragiles témoins d'un passé à jamais révolu.

Si ce quadruple but est atteint, même partiellement, les auteurs estiment qu'il n'auront pas simplement satisfait à leur passion d'historiens et de collectionneurs.

Gérard GOROKHOFF. Patrick de GMELINE.

Paris. Mars 1985.

LA GARDE IMPÉRIALE RUSSE SOUS NICOLAS II

A l'époque du dernier Tsar, la Garde Impériale vit l'ultime période d'une histoire longue et glorieuse. Elle est l'héritière de cette petite troupe militaire née de la volonté inflexible de Pierre le Grand qui, dès 1683, réunit quelques-uns de ses compagnons et les regroupe dans les deux premiers régiments d'infanterie de sa Garde, le Préobrajenski et le Semenovski.

Dès lors, que ce soit la Cavalerie ou l'Infanterie, la Garde va jouer un rôle important dans l'histoire russe. Disciplinée, entrainée, proche du souverain, elle participe à la vie politique et est mêlée (ou se mêle...) aux événements marquants. Ainsi la répression des Strelitz en 1691, l'avènement au trône de Catherine Ire en 1725, ceux d'Anna Ioannovna en 1730, d'Elisabeth Ire en 1741, de Catherine II en 1762. La Garde se bat dans toute l'Europe, ses régiments se distinguant particulièrement pendant la Guerre de Sept Ans. « Prussianisée » sous Paul Ier, puis russifiée sous Alexandre Ier, augmentée de nouvelles unités, elle inscrit son nom dans la plupart des batailles qui, de l'époque d'Alexandre Ier à celle d'Alexandre III, vont marquer l'histoire militaire : en France, en Allemagne, en Pologne, en Hongrie, dans les Balkans, en Turquie.

Lorsque Nicolas II monte sur le trône, la Garde forme une véritable armée, forte de 3 divisions d'Infanterie, de 2 divisions et d'une brigade de Cavalerie, d'une brigade de Tirailleurs, d'un corps d'Artillerie, d'une brigade de Cosaques et de diverses unités spéciales. Le dernier Tsar est très proche de sa Garde, dans laquelle il fait son propre apprentissage militaire. Toute la Famille Impériale, d'ailleurs, les Grands-ducs et les princes alliés (Leuchtenberg, Mecklembourg), servent dans tel ou tel régiment, ou sont au moins inscrits sur ses listes. L'Empereur, l'Impératrice, le Tsarevitch, sont Chefs honoraires de plusieurs d'entre eux. Lorsque l'Empereur est Chef d'une unité, sa 1re compagnie (ou son 1er escadron) est dit « de sa Majesté » et porte le monogramme Impérial aux épaulettes et pattes d'épaule.

Bien armée, bien équipée (la Garde reçoit le même armement que le reste de l'armée, mais, dit-on, dans des délais plus rapides), très entraînée, la Garde, qui n'est pas engagée dans la guerre russo-japonaise, sauvera le Trône en 1905-1906. Jetée dans la fournaise de 1914 dès le début, elle va s'y couvrir de gloire et y disparaître en grande partie, faisant l'admiration de ses ennemis eux-mêmes :

« Contre nous, la Garde russe, adversaire héroïque » (Histoire du 1er régiment d'Artillerie de la Garde prussienne).

« La Garde russe s'est révélée troupe d'élite, qui, efficacement soutenue par son artillerie, se battait d'une manière parfaite » (régiment d'Artillerie lourde de la Garde prussienne).

Elle subit alors des pertes énormes, en hommes et en officiers notamment en Prusse Orientale. Malgré la formation accélérée, les mutations d'officiers de la cavalerie (moins touchée) dans l'infanterie (décimée), les régiments se dissolvent peu à peu. Ils vont renaître en partie au sein des Armées blanches, dans lesquelles les Volontaires issus de la Garde tentent de garder leur spécificité et se regroupent par unités lorsque cela est possible.

Avec l'Emigration, les membres des régiments de la Garde forment dans le monde entier des associations régimentaires, des cercles d'officiers qui maintiennent et entretiennent la tradition. Ainsi les Cosaques de l'Empereur, par exemple, qui ont pu sauver la majeure partie de leurs souvenirs, les ont regroupés dans la banlieue parisienne. En 1985, encore, il existe un esprit « mainteneur » chez les descendants de ceux qui constituèrent l'élite de l'armée impériale russe.

***

La Garde présente un certain nombre de particularités qui, sous Nicolas II, période qui intéresse cet ouvrage, donnent sa spécificité à l'ensemble du corps.

• Les officiers, tout d'abord, appartiennent obligatoirement et exclusivement à la noblesse héréditaire, aucune exception n'étant tolérée à ce principe. Au point qu'un sous-officier de la Garde, promu au grade de sous-lieutenant, et qui lui, par définition, n'est pas noble, est automatiquement muté dans un régiment de la Ligne.

• Depuis 1884, les grades de la Garde sont supérieurs d'un échelon à ceux correspondant de la Ligne (deux échelons auparavant, depuis Pierre le Grand, pour la Vieille Garde).

• Les régiments sont normalement commandés par un général-major (un colonel dans la Ligne); un colonel peut seulement assurer un intérim en faisant « fonction de commandant ».

*
**

Il est intéressant de s'arrêter quelque peu sur les conditions d'admission d'un jeune officier dans un régiment de la Garde dans les premières années du XXe siècle.

Deux filières existent suivant que le candidat est « junker » (c'est-à-dire élève d'une école militaire) ou « engagé volontaire ».

Le cheminement classique d'un « junker » consiste à passer par un Corps de Cadets, internat pour jeunes garçons âgés de 10 à 18 ans, assurant une éducation générale répartie sur sept années. Suivent alors deux autres années dans une école militaire, qui vont faire du junker un officier. Ces établissements sont spécialisés selon l'arme : artillerie, infanterie, cavalerie.

Le célèbre Corps des Pages, institution éminemment aristocratique et, jusqu'à sa dissolution en 1907, le Corps des cadets de Finlande, dispensent, de manière intégrée, les cours de Cadets et ceux des Ecoles militaires.

En 1897, les frais annuels d'entretien par élève sont les suivants :

Corps des Pages : 823 roubles.

Corps des cadets de Finlande : 816 roubles.

Ecole de Cavalerie Nicolas : 1260 roubles.

Ecole d'Infanterie : 652 roubles.

Corps de Cadets : 429 roubles.

La seconde filière est celle des « engagés volontaires » qui, pour la Garde, tout comme les junkers, doivent appartenir à la noblesse héréditaire.

Ils doivent posséder un diplôme d'études supérieures obtenu dans l'une des écoles ou l'une des Institutions reconnues par le règlement (au nombre de 21 en 1912). Ils peuvent choisir une unité de la Garde à condition d'être acceptés par le Commandant de l'unité. Après avoir suivi les cours des pelotons d'instruction régimentaires ils sont admis à présenter l'examen d'aptitude au poste d'officier, et comme les junkers, doivent obtenir une note supérieure à 8/12 pour rester dans la Garde.

A la fin de la seconde année de cours, vers le 15 mai, les candidats sont classés en trois catégories selon leurs résultats :

Ceux de la 1re catégorie sortent avec le grade de sous-lieutenant et gagnent une année d'ancienneté. Les meilleurs d'entre eux sont rattachés aux régiments de la Garde, dans laquelle ils sont incorporés à la fin de l'année. Les élèves de 1re catégorie, sortant du Corps des Pages et les meilleurs éléments de l'Ecole de cavalerie Nicolas, sont promus officiers dans la Garde, sans avoir été rattachés préalablement à un régiment précis.

Ceux de la 2e catégorie passent sous-lieutenant sans avoir droit à l'ancienneté.

Ceux de la 3e catégorie entrent dans l'armée comme sous-officier et ne sont promus officiers que 6 mois après leurs camarades des deux autres catégories.

Arrivant à la fin de sa dernière année d'études militaires, le junker adresse une demande, par voie hiérarchique, à la Direction centrale des établissements militaires d'éducation, exprimant son souhait d'être admis dans tel ou tel régiment de la Garde. Le Directeur de l'Ecole avertit alors le commandant du régiment concerné de la candidature du futur officier.

Le choix du candidat est en fait bien souvent prédéterminé et rarement le fait d'une fantaisie personnelle. Un certain nombre de critères sont caractéristiques dans la garde.

L'origine ethnique peut jouer un rôle : certains régiments sont à recrutement essentiellement balte — tels les Gardes à cheval — d'autres spécifiquement russe — tel le Preobrajenski — le 3e Tirailleurs Finnois étant exclusivement composé de Finlandais et de Suédois. Directement liée à ce premier critère, et jouant un rôle déterminant, intervient l'origine familiale. Le candidat est bien souvent, dès sa naissance, destiné à entrer dans le même régiment que ses ancêtres. De nombreuses familles servent en effet depuis des générations dans la même unité. Mais si par exemple un junker sortant d'une école d'artillerie est plutôt destiné à cette arme, cette règle n'a cependant rien d'absolu. Il faut d'ailleurs souligner qu'aucune règle écrite n'existe si ce n'est celle de l'appartenance à la noblesse et la moyenne des notes.

Trois épreuves attendent alors le postulant.

• Réception dans le « Monde » où le candidat est jugé sur sa tenue et son éducation. Celle-ci est « testée » grâce à des invitations chez les officiers du régiment, les épouses de ces derniers jouant un rôle prépondérant.

• Réception au cercle des officiers « entre hommes », où le candidat est invité à déjeuner ou à dîner par ses « futurs » chefs et camarades. Au cours de ces repas, on ne lui ménage pas l'alcool afin de juger de son comportement sous l'effet de la boisson, de l'influence de celle-ci sur son attitude et enfin de sa « capacité ». Dans certains régiments de cavalerie, la tradition veut que le candidat soit en mesure d'absorber le contenu en alcool d'un casque régimentaire...!

• Vient ensuite la réunion des officiers du régiment. Celle-ci est provoquée par le colonel commandant en second l'unité, qui expose officiellement le désir de « X » d'être admis au régiment :

— « Messieurs, quelqu'un a-t-il quelque chose à dire sur l'admission de « X » dans notre régiment? »

La réunion se tient, bien entendu en l'absence de l'intéressé. Au cours d'un débat, chacun exprime librement son opinion. Ceux qui sont contre l'admission doivent expliquer le pourquoi de leur refus. Le vote se fait ensuite à mains levées et, la décision prise, l'Aide de camp du régiment avertit le Directeur de l'Ecole qui à son tour la transmet au junker lui-même, au Ministère de la Guerre et à la Direction Centrale des établissements militaires d'éducation.

Un refus n'avait pas à être motivé vis-à-vis du candidat malheureux. Les causes de rejet d'un postulant pouvaient être multiples, souvent assez curieuses, en tout cas rarement en rapport avec l'état militaire : manque de tenue ou mauvaise éducation, en particulier en présence des dames; manque de respect envers les officiers supérieurs; tendance à faire du scandale après avoir bu; trop grande assiduité auprès des épouses des officiers.

Les autres motifs de refus étaient souvent liés au contexte familial car, si avoir eu des parents au régiment pouvait constituer un atout, cela pouvait aussi devenir un handicap comme l'illustre l'exemple suivant. Un prince géorgien, officier brave et brillant du régiment des Cosaques de l'Empereur était, comme le sont souvent les Caucasiens, quelque peu emporté! Il se disputa avec un officier supérieur et dût quitter le régiment pour une unité de la Ligne (où il mourut glorieusement en 1915). Quelques mois après sa mort, son jeune frère adressa une demande d'admission au régiment des Cosaques de l'Empereur et essuya un refus, beaucoup d'officiers craignant qu'il n'ait un caractère analogue à celui de son frère.

Pouvait également déplaire et entraîner un rejet l'assurance trop ouvertement affichée par un candidat d'entrer dans « son » régiment. Certains se faisaient faire l'uniforme avant l'admission, uniforme que bien souvent ils ne devaient alors jamais porter.

Il y avait bien entendu des exceptions, et certaines nominations intervenaient sur « ordre supérieur », le cercle des officiers ne pouvant alors qu'entériner la demande du postulant. Ainsi, en 1915, en Pologne, alors que le régiment des Cosaques de l'Empereur se trouvait près du Quartier Général du Grand duc Nicolas Nicolaïevitch, commandant en chef des Armées Russes, le cercle des officiers fut réuni pour décider de l'admission d'un nouvel officier. Le Grand duc, par l'entremise du Commandant, le général Orlov, demandait que soit accepté au régiment des Cosaques de l'Empereur le prince Radziwill. Il était prévu, qu'en cas de victoire de la Russie sur l'Allemagne, naîtrait une Pologne autonome, alliée à la Russie, dont le trône serait donné à ce prince Radziwill. Il n'était évidemment pas question de refuser la candidature de ce dernier, qui fut acquise massivement, mais à une condition : que le nouvel officier soit admis avec le grade d'Essaoul (capitaine) mais sans commandement effectif. En remerciement, le prince offrit au régiment une splendide coupe en argent qui figure toujours dans les collections du musée régimentaire.

Un autre exemple est celui du « Kammer-Page » de l'Impératrice (élève du Corps des Pages attaché à la souveraine) Chatilov, qui, sortant major de sa promotion, se destinait à l'Artillerie à cheval ou aux Lanciers. Lors de la revue de sa promotion, Nicolas II le reconnut et lui dit :

— « Tu entres bien sûr au régiment des Cosaques de la Garde... »?

Cette question étant en fait une affirmation, Chatilov ne put que se retrouver cosaque! Pendant la Guerre civile, il sera général et chef d'Etat-major du général Wrangell.

Cette anecdote nous amène à dire quelques mots des cosaques, qui occupaient une place à part dans l'armée comme dans la Garde. Régis par des lois et des coutumes particulières, ils formaient une caste assez fermée et n'appréciaient pas toujours les « inogorodnié », c'est-à-dire les « gens des autres villes », nom qu'ils donnaient à tous les Russes non cosaques! Militaires-nés, de mœurs assez démocratiques, la différence était chez eux peu sensible entre officiers de la Garde et officiers de la Ligne, en dehors de la noblesse nécessaire pour entrer dans l'un des trois régiments cosaques de la Garde.

Le régiment Atamanski n'admettait, en principe, que des officiers d'origine cosaque, alors qu'au régiment de l'Empereur, on compta, suivant les époques, jusqu'à 50 % de non-cosaques. Tous cependant, avant leur admission au régiment, se faisaient inscrire dans une « stanitza » (canton cosaque) et devenaient ainsi « cosaques inscrits ».

*
**

On le voit, il n'est donc pas toujours aisé d'entrer dans la Garde, ce d'autant plus qu'il faut en outre posséder une certaine fortune personnelle pour suivre le train de vie très onéreux de Saint-Pétersbourg. Les soldes sont relativement modestes alors que le service coûte fort cher. Les uniformes, variés et souvent somptueux, les montures (du moins en partie) sont à la charge personnelle des officiers. Dans certains régiments, une garantie est exigée, alimentant une caisse de caution mutuelle, garantie pouvant aller, chez les Hussards par exemple, jusqu'à 1000 roubles. Une fois admis, par contre, le jeune officier fait réellement partie d'une nouvelle famille. Les officiers d'une unité sont solidaires, en temps de paix comme en temps de guerre. Tout manquement à l'honneur rejaillit sur l'ensemble du régiment. L'exemple extrême est raconté par la comtesse Kleinmichel dans son livre « Souvenirs d'un monde englouti » (Calmann-Lévy 1927). Une énorme dette avait été contractée au jeu par un officier des Hussards de l'Empereur. Elle fut « épongée » par l'ensemble du corps des officiers, ce qui obligea nombre d'entre eux à quitter le service pour se retirer à la campagne.

On comprend mieux, dès lors, l'importance des « tests » de moralité et d'éducation en général, imposés aux futurs officiers. La bravoure elle, était dans la Garde une qualité allant de soi et qui, d'ailleurs, ne se démentira jamais au combat.

*
**

Le service dans la Garde, pour un officier, ne diffère en rien de celui de la Ligne : exercice, instruction, manœuvres, administration, revues, tiennent une large place. Il faut y ajouter le service officiel près du souverain et à la Cour, plus d'ailleurs pour certaines unités que pour d'autres. La vie mondaine est également importante, les salons se disputant ces officiers brillant que tout paraît favoriser.

Faire partie de la Garde est un « état », et entraîne naturellement des jalousies compréhensibles de la part de nombreux officiers de la Ligne. Si d'ailleurs le passage de la Garde vers la Ligne est ouvert aux officiers, le contraire est rare. En règle générale, pourtant, l'officier de la Garde russe n'a pas la morgue que l'on peut reprocher à son collègue prussien.

La guerre de 1914 et les combats de la guerre civile montreront le courage de ces officiers et de leurs hommes, qui, pour la dernière fois de leur histoire, prouveront qu'ils appartenaient véritablement à une élite.

LA GARDE IMPÉRIALE RUSSE EN 1914

Unité dépendant du Grand Quartier Impérial :
• Escorte personnelle de l'Empereur (Tsarskoié-Sélo) : G.M.S. comte Michel Nicolaevitch Grabbe.

Unité dépendant du Ministre des Palais Impériaux :
• Compagnie des Grenadiers du Palais (Saint-Pétersbourg et Moscou) : Colonel Grinieff.

Unités dépendant du Commandant du Palais :
• Régiment combiné d'Infanterie (Tsarskoié-Sélo) : G.M.S. Wladimir Alexandrovitch Komarov.
• 1er régiment des Chemins de fer (Saint-Pétersbourg) : Colonel Tsabel.

1re division d'Infanterie (Saint-Pétersbourg) : G.L. Olokhov.
— 1re brigade : G.M. baron Alexandre Friedrikhovitch von den Brincken.
• Préobrajenski : G.M.S. prince Wladimir Nicolaevitch Obolenski.
• Semenovski : G.M. Ivan Sevastianovitch von Etter.
— 2e brigade : G.M. Herzig.
• Izmaïlovski : G.M. Kruglievski.
• Jägerski : G.M. Boukovski.

2e division d'Infanterie (Saint-Pétersbourg) : G.M. Alexandre Alexeevitch Ressine.
— 1re brigade : G.M.S. Nicolas Mikhailovitch Kisselevski.
• Moskovski : G.M. Michelson.
• Grenadierski : G.M. Boutovitch.
— 2e brigade : G.M. Kozlov.
• Pavlovski : G.M.S. Constantin Guerassimovitch Nekrassov.
• Finlandski : G.M. Teplov.

3e division d'Infanterie (Varsovie) : G.L. Sirelius.
— 1re brigade : G.M. Lioubarski.
• Litovski : G.M. Schildbach.
• Kexholmski : G.M. Malinovski.
— 2e brigade : G.M. Vsevolode Wladimirovitch Tchernavine.
• Saint Peterbourgski : G.M. baron von Bode.
• Volynski : G.M. Tourbine.

1re division de Cavalerie : G.L. Nicolas Nicolaevitch Kaznakov.
— 1re brigade (Saint-Pétersbourg) : X...
• Chevaliers-Gardes : G.M. prince Alexandre Nicolaevitch Dolgoroukov.
• Gardes à Cheval : G.M.S. Paul Petrovitch Skoropadsky.
— 2e brigade : G.M.S. Constantin Mavrikievitch de Wolff.
• Cuirassiers de l'Empereur (Tsarskoié-Sélo) : G.M.S. Alexandre Fedorovitch von Guillenschmidt.
• Cuirassiers de l'Impératrice (Gatchina) : G.M.S. Pierre Ivanovitch Arapov.
— 3e brigade : G.M. Ponomarev.
• Cosaques de l'Empereur (Saint-Pétersbourg) : G.M.S. Pierre Petrovitch Orlov.
• Cosaques Atamanski (Saint-Pétersbourg) : G.M.S. Serge Wladimirovitch Evreinov.
• Cosaques combinés (Pavlovsk) : G.M.S. comte Michel Nicolaevitch Grabbe.

2e division de Cavalerie : G.L. Georges Ottonovitch Rauch.
— 1re brigade : G.M.S. prince Serge Constantinovitch Belosselski-Belozerski.
• Grenadiers à Cheval (Vieux Peterhof) : G.M.S. prince Basile Alexandrovitch Dolgoroukov.
• Lanciers de l'Impératrice (Nouveau Peterhof) : G.M. Nicolas Antonovitch Kniajevitch.
— 2e brigade : G.M.S. comte Mengden.
• Dragons (Vieux Peterhof) : G.M. comte Fedor Maximilianovitch Nieroth.
• Hussards de l'Empereur (Tsarskoié-Sélo) : G.M. Georges Ivanovitch Schevitch.
— Brigade autonome (Varsovie) : G.M.S. baron Gustav Carlovitch Mannerheim.
• Lanciers de l'Empereur : G.M. Abaliechev.
• Hussards de Grodno : G.M.S. prince Engalytchev.

Artillerie montée :
— 1re brigade (Saint-Pétersbourg) : G.M. Nicolas Petrovitch Demidov.
— 2e brigade (Saint-Pétersbourg) : G.M. Sivers.
— 3e brigade (Varsovie) : G.M. Alexandre Wladimirovitch Bourmann.
— 6e batterie du Don : Grand duc André Wladimirovitch.

Artillerie à cheval (Saint-Pétersbourg et Varsovie) : G.M.S. Oranovski.

Division d'artillerie des Tirailleurs (Strielna) : X...

Division de mortiers (Pavlovsk) : X...

Bataillon de Sapeurs (Saint-Pétersbourg) : G.M.S. Podimov.

Brigade de Tirailleurs : G.M.S. Pierre Alexeevitch Delsale.
— 1er Tirailleurs (Tsarskoié-Sélo) : G.M.S. Nicolaev.
— 2e Tirailleurs (Tsarskoié-Sélo) : G.M. Pfeiffer.
— 3e Tirailleurs (Saint-Pétersbourg) : G.M. Oussov.
— 4e Tirailleurs (Tsarskoié-Sélo) : G.M.S. Constantin Alexandrovitch Holthoer.

Unités non endivisionnées :
— Régiment de cavalerie de réserve (Caserne Kretchevitsky) : G.M. Lichine.
— Escadron de Gendarmes (Saint-Pétersbourg) : G.M. Sokhanski.
— Equipage de la Garde (Saint-Pétersbourg) : Contre-amiral comte Nicolas Mikhailovitch Tolstoy.

Source :
Annuaire militaire. 1er février 1914. Edité par l'Etat-Major Général.
Orthographe des noms propres : Almanach de Saint-Pétersbourg 1913-1914.

Abréviations :
G.M. : Général-Major.
G.L. : Général-Lieutenant.
G.M.S. : Général-Major de la Suite.

SYMBOLES ET TRADITIONS

Riche en traditions, l'armée impériale russe possédait en 1914 un système élaboré de récompenses et de distinctions permettant d'honorer aussi bien l'individu que, à titre collectif, tout ou partie d'une unité.

L'ensemble de ces éléments constituait le patrimoine d'un régiment, témoignait de son passé, de ses épreuves et de ses récompenses; et c'est ce capital de gloire que l'on exposait et mettait en valeur devant les nouvelles recrues, afin que, pleinement intégrées à leur unité, elles se montrent dignes de leurs aînés.

Dans la Garde, et à l'exception de l'Artillerie et des Tirailleurs, les régiments n'avaient pas de numéro mais un nom. Un soldat disait par exemple avec fierté : « Je suis Préobrajenez (un du Préobrajenski) ou Chevalier-Garde »...

Voyons ce qui, sous le règne de Nicolas II, constituait l'essentiel de ces distinctions, qui seront évoquées tout au long de cet ouvrage.

LES DISTINCTIONS COLLECTIVES DANS L'ARMÉE RUSSE

Pour un régiment russe, le bien le plus sacré était naturellement son drapeau ou son étendard. Mais, contrairement à la plupart des pays, ces emblèmes, en Russie, ne figuraient pas les couleurs nationales, mais l'Empire, représenté par l'aigle bicéphale sous différentes formes, et le souverain lui-même, représenté par son monogramme. En outre, les drapeaux ou étendards, qui étaient bénis, comportaient sous les derniers règnes soit l'icône propre au régiment, soit la Sainte Face. De ce fait, défendre son drapeau, pour un soldat russe, signifiait à la fois un devoir patriotique et un devoir religieux. Tous deux sont exprimés dans la devise de « l'Opoltchénié » ou « levée en masse » : Pour la Foi, le Tsar et la Patrie.

Lorsque l'on parle de devoirs religieux, il s'agit tout d'abord, bien sûr, de la foi chrétienne et surtout orthodoxe; mais, dans l'armée russe, ce concept était pris au sens le plus large et, pourrait-on dire, le plus libéral. Témoin cet exemple célèbre du chef de régiment qui raconte la prestation de serment au drapeau par les jeunes recrues. Celles-ci étaient alignées en groupes suivant leur confession, et, accompagné du drapeau, le colonel allait de l'un à l'autre. Le premier groupe, de loin le plus important, était constitué des orthodoxes, avec leur aumônier régimentaire. Puis venaient les catholiques et leur prêtre, les luthériens et leur pasteur, les musulmans, les juifs et enfin, en bout de ligne, deux soldats isolés. Pour ces deux derniers, point de représentant de leur culte, mais leurs idoles, posées devant eux sur une petite table, et sur lesquelles ils prêtèrent serment comme leurs camarades. Ceci se passait sous le règne de Nicolas II...! (« Le Passé militaire », n° 124, 1973).

Depuis 1883*, chaque régiment ne possédait plus qu'un seul emblème, emporté en campagne; mais les anciens drapeaux et étendards, pieusement conservés dans les églises régimentaires ou dans les arsenaux, n'étaient sortis qu'à l'occasion des fêtes ou de certaines cérémonies officielles. En 1914, divers modèles étaient en service et certains réduits à quelques lambeaux d'étoffe, les emblèmes n'étant remplacés, quel que soit leur état, qu'à l'occasion d'un jubilé ou pour marquer une récompense spéciale.

Associé au prestigieux ordre de Saint-Georges, qui n'était décerné qu'à titre exclusivement militaire, le drapeau permettait de distinguer particulièrement un régiment. Cette récompense spéciale, créée par Alexandre Ier en 1806, était d'un modèle particulier et se singularisait non seulement par la présence de la croix blanche de l'ordre dans le fer de hampe, mais aussi par des banderoles en tissus, aux couleurs de l'ordre, orange et noir. En 1806, seul le régiment de grenadiers Kievski aura le temps de recevoir ces emblèmes. Divers régiments d'infanterie de la Garde recevront les leurs le 24 décembre 1813, la cavalerie devant attendre jusqu'en 1817.

* 1860 pour la Cavalerie.

La forme de ces divers emblèmes variera considérablement au cours des temps. En outre, les drapeaux de bataillons ou de régiments seront susceptibles de recevoir une large banderole, bleu céleste dans la Garde, rouge dans la Ligne, brodée d'or ou d'argent. Pourront également, le cas échéant, y être inscrits le nom d'origine du régiment ou la mention de faits d'armes glorieux. Chaque bataillon ayant son historique propre, les banderoles peuvent varier dans un même régiment. Les banderoles larges aux couleurs de Saint Georges, suprême récompense, apparurent en 1878, et furent alors seulement attribuées à deux régiments de Dragons, les 17ᵉ et 18ᵉ.

Autre récompense collective : les timbales d'argent accordées aux régiments de cavalerie.

Les premières, données à l'Escadron Général en 1709 étaient en fait des trophées pris aux Suédois; elles furent confiées en 1827 aux Gardes à Cheval. Par la suite, d'autres timbales en argent, sur lesquelles seront gravés des textes honorifiques, seront données à divers régiments tant de la Garde que de la Ligne.

Plus nombreuses furent les trompettes et clairons de distinction, soit ordinaires en argent, soit « de Saint Georges », en argent eux aussi et comportant la croix de l'Ordre.

Les premières furent remises en 1733 au « Leib-Cuirassiers », futurs Cuirassiers de l'Impératrice, sans inscription spécifique. Par la suite, une « citation » figurera sur ces trompettes, dont le nombre ira croissant à partir de 1760.

En 1883, il fut décidé que les trompettes de Saint Georges seraient portées avec une banderole de soie aux couleurs de l'Ordre, avec glands argent. Les clairons, eux, ont la même banderole, mais en laine.

Dernière grande distinction collective : les plaques « de distinction » portées sur les coiffures. Créées en 1813, elles eurent tout d'abord la forme d'un bouclier grec pour l'Infanterie, les Dragons et l'Artillerie, et d'un ruban pour les Hussards et les Chasseurs à cheval. Cette dernière forme fut adoptée pour toutes les unités à partir de 1828.
Si, à l'origine, le texte est simplement « Pour distinction », par la suite, il résumera le fait, le lieu, et la date (généralement une bataille). Ces plaques pouvaient être aussi bien attribuées à un bataillon, un escadron, une batterie ou à plusieurs d'entre eux au sein d'un même régiment. Les inscriptions pouvaient également varier avec le temps, une plaque remplaçant alors une autre. Dans son ouvrage « L'Armée russe en 1914 », W.W. Zweguintzow n'en dénombre pas moins de 205 modèles différents !

Il existait enfin certaines récompenses collectives spécifiques, tels les revers de bottes rouges du 4ᵉ Tirailleurs « de la Famille impériale », les aiguillettes du Grenadierski ou les lances en bambou des Lanciers de l'Impératrice, où même encore le privilège de défiler baïonnette croisée pour le Pavlovski. Nous noterons celles-ci dans les différents chapitres des régiments concernés.

LES DISTINCTIONS PROPRES A LA GARDE

Il y avait tout d'abord le signe distinctif constitué par l'étoile de l'Ordre de Saint-André, le premier des ordres russes, créé par Pierre le Grand, et qui restera jusqu'au bout le symbole de la Garde. Sous le dernier règne, elle sera surtout visible sur les coiffures des divers régiments et sur les gibernes des officiers des régiments de cavalerie. En outre, les banderoles des drapeaux, étendards et trompettes, attribuées à l'occasion de fêtes jubilaires aux unités de la Garde sont bleu-ciel, couleur de l'Ordre de Saint-André, quand les mêmes récompenses, dans la Ligne, sont rouges, à la couleur de l'Ordre de Saint-Alexandre-Nevski.

Dans toutes les armées du monde, l'uniforme a toujours été le principal élément permettant de distinguer les unités les unes des autres. Dans l'armée russe, il permettait aussi de différencier celles de la Garde de celles de la Ligne. Ainsi, depuis 1829, les boutons de la Garde comportaient l'aigle impérial, privilège qui dura jusqu'en 1904, le port du bouton avec aigle étant alors étendu à toutes les unités de l'armée et de la marine. De même, la cuivrerie était « rouge » dans la Garde et « jaune » dans la Ligne.

En 1881, sous le règne d'Alexandre III, l'ensemble des uniformes fut « russifié », et surtout simplifié, à l'exception toutefois des régiments de Cosaques et de ceux de la cavalerie de la Garde, qui conservèrent leurs uniformes traditionnels.

Mais les réformes qui suivirent la guerre russo-japonaise de 1904-1905 touchèrent aussi les uniformes qui retrouvèrent leur éclat d'avant 1881. En 1909, les troupes à pied de la Garde reprennent leurs brillantes tenues avec plastron de couleur distinctive, et broderies spécifiques à chaque régiment (seule la première division de la Garde avait conservé ses broderies d'avant 1881). Si les uniformes de la troupe sont noirs tant dans la Garde que dans la Ligne, le vert du drap des officiers, « vert du Tsar », est plus clair et plus bleuté dans la Garde. Enfin, l'élégant « Kiver », shako de forme typiquement russe, inspiré du modèle en usage pendant la guerre de 1812, est donné à la Garde et aux généraux.

L'armement également, permet de différencier la Garde. Ainsi le « Tessak » ou glaive, supprimé pour la Ligne en 1880, à l'exception des musiciens, est conservé par la Garde. De même, la cavalerie de Ligne est uniformément armée de la « shashka » après 1881, alors que la Garde conserve, en tenue de parade, les sabres et lattes traditionnels, les officiers de la Ligne ne les portant que hors service.

Enfin, évoquons les insignes régimentaires, qui seront étudiés unité par unité, en signalant que cet élément de la symbolique militaire si répandu dans le monde aujourd'hui a vu le jour en Russie au début du XXe siècle, ces petits et souvent précieux objets métalliques ayant pour but de résumer et de caractériser au mieux l'histoire glorieuse des régiments de l'Armée Impériale Russe.

L'Empereur en grand uniforme des cosaques de l'Empereur avant 1913.

Le Tsarevitch en grande tenue du Preobrajenski en 1912.

La Famille Impériale. L'impératrice est en robe de cour, et porte le collier de l'Ordre de Saint André, le Tsarevitch est en tenue du régiment Atamanski (avant 1910), l'Empereur est en grand uniforme de la Flotte (pas de l'Equipage de la Garde).

INFANTERIE

Préobrajenski

L'insigne régimentaire, adopté le 25 juin 1909, représente la croix de Saint-André émaillée bleu, sur laquelle se détache le Saint, peint au naturel; dans les angles, entre les branches, trois aigles et, pour l'angle supérieur, une couronne dorée. Au revers, la devise de l'ordre de Saint André : « Pour la foi et la fidélité ».

Cet insigne aurait été établi d'après un dessin ancien exécuté par Pierre le Grand lui-même.

1

1 • L'Empereur en tenue du régiment, photographié le 2 avril 1898. Il porte le cordon de Saint Alexandre Nevsky, de couleur rouge, avec lequel on le voit relativement rarement.

• Ce célèbre régiment est créé le 23 mai 1683 par Pierre le Grand, qui le constitue avec des fils de boïards et de serviteurs, ses compagnons de jeux, avec lesquels il s'ébat dans le village de Préobrajenskoïé, non loin de Moscou. C'est avec ce nom qu'en 1687, cette petite troupe militaire devient officiellement « régiment Préobrajenski », et, le 30 avril de la même année, on lui adjoint une compagnie de Bombardiers, qui sera complétée en 1698 par une autre de Grenadiers.

En mars 1703, une compagnie d'invalides, mise sur pied, est détachée à Moscou et, de 1707 à 1710, le régiment est transformé en unité montée. Le 24 janvier 1722, ses officiers reçoivent deux rangs d'avance par rapport aux officiers de grade égal servant dans l'armée, ce privilège étant étendu à toute la Vieille Garde en 1775. Le 19 mars 1726, la compagnie détachée à Moscou forme le « L.G. bataillon ».

Jusqu'à la fin du XVIIIe siècle, l'unité subit de nombreuses transformations internes. Le 26 décembre 1741, la compagnie de Grenadiers devient « Leib-compagnie » et le 13 mars 1762, celle de Bombardiers est transformée en bataillon indépendant, pour quelques mois seulement, puisqu'elle est réintégrée au régiment le 5 juillet, avant de le quitter définitivement en novembre 1796 pour former le « L.G. bataillon d'Artillerie ». Le 9 novembre de cette même année, le régiment reçoit l'apport des 1er et 4e bataillons de Gatchina.

Enfin, le 17 mars 1800, l'unité reçoit l'appellation de « L.G. régiment de Sa Majesté Impériale », qu'elle abandonne le 14 mars 1801 pour prendre son nom définitif de « L.G. régiment Préobrajenski ».

• Le Préobrajenski prend part, au cours de son histoire, à pratiquement toutes les campagnes de l'armée russe, depuis la campagne d'Azov en 1695-1696 jusqu'à la première guerre mondiale. Les plus remarquables sont, en 1700 la Guerre du Nord et la bataille de Narva, en 1703 la prise de navires suédois sur la Néva, en 1709 Poltava, en 1711 la campagne du Pruth, de 1713 à 1714 les combats sur mer contre les Suédois (bataille de Gangout) et de 1715 à 1720, les campagnes maritimes de la Baltique; en 1737, il se bat à Otchakov et fait campagne de 1789 à 1790 contre les Suédois en Finlande. Viennent ensuite les guerres napoléoniennes, le régiment étant souvent en réserve : en 1805 Austerlitz, en 1807 Gutstadt, Altkirchen et Friedland, en 1809 campagne dans le golfe de Botnie et aux îles Aland; en 1812 Borodino, en 1813 Lützen, Bautzen, Kulm et Leipzig, en 1814, prise de Paris. Puis, en 1828, campagne contre la Turquie et prise de Varna, en 1831 et 1863, répression de l'insurrection polonaise; enfin, en 1877-1878, guerre russo-turque avec la traversée des Balkans, Tachkissen, Kadikia et Andrinople, avant de venir camper à San Stefano, aux portes de Constantinople.

• Le Préobrajenski reçoit de nombreuses marques de distinction venant récompenser ses faits d'armes.

Il possède des drapeaux de Saint Georges, avec banderoles de Saint André; les derniers, remis aux quatre bataillons le 27 mai 1883, portent l'inscription « Pour distinction à Kulm en 1813 » et les dates « 1683-1700-1850-1883 ». Ils représentent l'icône de la Transfiguration (ce qui en russe, se dit « Préobrajenié »). Lorsque, en 1883, un décret décide que chaque régiment ne possèdera plus qu'un seul drapeau, exception est faite pour le Préobrajenski et le Semenovski. Toutefois, seul celui du 1er bataillon sera porté en campagne.

En outre, tout comme le Semenovski, le régiment possède depuis 1875 un drapeau « de galère », rappelant son service « à la mer » sous Pierre le Grand. Rectangulaire, blanc, frappé d'une croix de Saint-André bleu-ciel, il est fixé à une hampe dont le fer, doré, représente le monogramme de Pierre le Grand et une ancre entrelacés. Il participe aux revues et, à partir de 1908, il reçoit les mêmes honneurs que le drapeau régimentaire.

• La plaque de distinction des coiffures, attribuée le 6 juillet 1878, porte « Pour Tachkissen 19 décembre 1877 ».

Par ailleurs, trois modèles de hausse-col sont en usage au régiment. Le premier, modèle 1883, porte les dates « 1683-1850-1883 », auxquelles, pour les seuls officiers subalternes, est ajoutée la mention « 1700 N° 19 »; il commémore la bataille de Narva, défaite russe devant les Suédois, mais au cours de laquelle le régiment se battit héroïquement.

Le second, mis en service en 1910, est de forme analogue à celle du début du XVIIIe siècle, avec les mêmes inscriptions, sauf pour les officiers supérieurs et généraux, dont la forme est différente.

Le troisième, réservé à la compagnie de Sa Majesté, porte en outre l'inscription « 1741 N° 25 » en souvenir de l'avènement de l'Impératrice Elisabeth Petrovna, fille de Pierre le Grand.

Enfin la 1re compagnie « de Sa Majesté » porte le monogramme impérial sur les pattes d'épaule. En outre, le chef de la 3e compagnie, son adjoint et les hommes du détachement de canot, portent sur les pattes d'épaule le monogramme métallique doré de Pierre le Grand et l'ancre (décrets de 1908 et 1909).

• La fête du régiment a lieu le 6 août, jour de la Transfiguration.

• Ancienneté : 23 mai 1683.

• Type physique réglementaire : grand et blond, et, pour les 3e et 5e compagnies, barbe.

• Depuis Pierre le Grand, l'Empereur est Chef du régiment, sur les listes duquel figurent plusieurs Grands ducs. Ainsi, sous le dernier règne : les Grands ducs Michel Alexandrovitch, Cyril Wladimirovitch, Constantin Constantinovitch, Nicolas Nicolaevitch, Pierre Nicolaevitch, le prince Alexandre Petrovitch d'Oldenbourg (qui est chef de la 14e compagnie), et le duc de Leuchtenberg.

• Stationné à Saint-Petersbourg, le régiment est commandé en 1914 par le général major de la Suite prince Wladimir Nicolaevitch Obolenski (1865-1927), ancien élève du Corps des Pages.

2

3

5

2 • Le canot du régiment sur la Néva, face à la pointe de Vassili Ostrov, sur laquelle on distingue le bâtiment de la Bibliothèque de l'Académie des Sciences, installée dans l'ancien cabinet de « curiosités » de Pierre le Grand. A demi cachée par le toit du « restaurant flottant », l'une des deux célèbres colonnes rostrales de la Bourse.
Les matelots sont en vareuse blanche d'été. A la poupe du canot flotte le pavillon de Saint André.

3 • Le colonel Izmaïl Wladimirovitch Korostovetz, né en 1863, entré au Préobrajenski en 1884.
On distingue bien, sur le bonnet d'astrakhan (modèle 1881) la plaque de distinction dissimulée en partie par l'étoile de Saint André et recouvrant également partiellement la cocarde d'officier. Il porte le hausse col modèle 1883 pour officier supérieur et, sur la poitrine, l'insigne spécifique du 1er bataillon. Celui-ci, remis le 13 décembre 1894 à tous les membres du bataillon ayant servi sous les ordres du futur Nicolas II alors tsarevitch, porte les dates « 1.1.1893-20.10.1894 ». A l'époque où est prise cette photographie, le colonel Korostovetz, ne servant plus au 1er bataillon « de Sa Majesté », ne porte plus le monogramme impérial sur ses épaulettes.

4 • Le même colonel Korostovetz, photographié en 1909 avec le nouvel uniforme kaki, porté avec un pantalon vert foncé. Outre une belle brochette de décorations, il arbore plusieurs insignes : celui du 1er bataillon, celui donné aux officiers en service au moment du décès d'Alexandre III, celui du régiment en partie caché par le baudrier, et celui du Corps des Pages. Il est armé de la shashka modèle 1881. Après 19 ans de service au Préobrajenski, le colonel Korostovetz deviendra Gouverneur d'Estonie et sénateur.

5 • Les matelots du Préobrajenski affectés au service des canots donnés au régiment en souvenir de l'époque où il se battit sur mer sous le règne de Pierre le Grand. Leur tenue comprend une chemise bleu foncé (blanche l'été), un col bleu à trois bandes oranges, un second col amovible, rouge à trois bandes blanches, des parements rouges à trois liserés oranges, un maillot de corps rayé bleu et blanc, un pantalon noir. Le bonnet noir est liseré de rouge et, sur le ruban, se lit le mot « Potiétchnié », c'est-à-dire « amuseur », surnom donné jadis par l'Empereur à ses compagnons de jeux, noyaux de la future Garde.
Ces matelots, appartenant à la 3e compagnie, portent la barbe.

4

6

6 • En 1908, le régiment défile devant la chapelle élevée sur les lieux de l'attentat contre Alexandre II.
A gauche, le premier détachement salue l'empereur, entouré des généraux et officiers de la Suite. Le drapeau du 1er bataillon est, malgré sa date relativement récente (1883) en assez mauvais état. Cette parade est sans doute l'une des dernières avant l'introduction du nouvel uniforme.

7 • Vraisemblablement en 1911, le 1er bataillon attend d'être passé en revue par l'Empereur. Exceptionnellement ont été sortis les quatre drapeaux du régiment (celui du 1er bataillon est porté par l'adjudant I.T. Tikhonov) et, à droite, le pavillon de galère.
Les officiers sont, de gauche à droite :
X..., X...; lieutenant Mestcherinov, lieutenant Wouitch, lieutenant Tatischev, lieutenant Baranov, X..., capitaine Koutiepov, capitaine en second Oznobichine.

7

8

8 • Le Grand duc Constantin Constantinovitch, portant les aiguillettes d'aide de camp de l'Empereur, l'insigne de la Société orthodoxe russe de Palestine, à côté de celui de l'Orphelinat patronné par l'Impératrice Marie Feodorovna. Sa brochette de décorations commence par la Croix du Danube décernée pour la guerre contre la Turquie en 1877-1878, et s'achève par la croix de Saint Georges 4ᵉ classe :... éloquent ! La poitrine du Grand duc, enfin, est barrée par le cordon de l'ordre de Saint-André qui, selon le règlement, devrait passer par-dessus les aiguillettes.

9 • Lors des fêtes du bi-centenaire de Poltava, en 1908, l'un des « géants » du Préobrajenski pose à côté d'un engagé volontaire du 147ᵉ régiment d'infanterie de ligne « Samarskï ». Ils sont tous deux en tenue de campagne, mais portent cependant le pantalon noir de temps de paix. Le soldat de dos, à gauche, nous permet de voir le paquetage propre à la Garde, rarement présenté.

9

10 • Le Grand duc Nicolas Nicolaevitch de Leuchtenberg, colonel et aide de camp de l'Empereur, titulaire de la croix de Saint Georges 4e classe. Il porte, fantaisie admise en temps de guerre, un superbe sabre caucasien nullement réglementaire.

10

11

11 • Le capitaine Iegor Iegorovitch von Dehn, photographié en grande tenue en 1910 : tunique vert foncé à plastron rouge passepoilé de blanc, col et parements rouges, galons et boutons dorés. Il porte le hausse-col modèle 1910, sur lequel se détache l'ordre monténégrin de Danilo. Sur sa poitrine, sous l'insigne régimentaire, les insignes de l'Ecole d'Artillerie Michel et de la forteresse de Cronstadt.

12 • Les deux frères Georges et Serge Alexandrovitch Mestcherinov en 1914, tous deux revêtus de la gymnastiorka kaki de troupe avec passepoil distinctif de la Garde, pour le Préobrajenski blanc aux parements et rouge le long de la fente de poitrine. Georges, à gauche, est aspirant et sort de l'Académie des Beaux Arts dont il porte l'insigne. Serge, lieutenant, appartient à la 1re compagnie « de Sa Majesté » (monogramme impérial sur les pattes d'épaule), et porte l'insigne du Corps des Pages; près de sa patte d'épaule, l'étui de cuir contenant le sifflet.
Tous deux arborent en outre l'insigne régimentaire et portent l'équipement d'officier modèle 1912, commun à toutes les armes.

13 • La garde du drapeau pendant la guerre. Celui-ci, remis en 1883, et déjà en mauvais état en 1908 (cf. photo no 6), se réduit maintenant à quelques lambeaux. Seul est porté l'étroit ruban de Saint Georges, et non les banderoles. Même en campagne, la Garde conserve les ceinturons de cuir blanc qui lui sont propres (à l'exception des tirailleurs et du quatrième régiment de chaque division). La sentinelle est le soldat Ribalko; derrière lui, le porte-drapeau décoré est le sous-officier Ponomarev. A gauche de la sentinelle, le capitaine Koutiepov qui, au moment de la révolution, fera fonction de commandant du régiment, étant seulement colonel (les régiments de la Garde sont normalement commandés par un général-major) : il sera, quelques mois plus tard, l'un des grands chefs des armées Blanches. Les bolcheviques l'enlèveront en plein Paris en 1937.

2

14

14 • Serge Alexandrovitch Mestcherinov en 1913. Il porte la redingote vert foncé et le baudrier d'épaule pour shashka.

13

15 • La compagnie de Sa Majesté pendant une parade d'été avec, au premier plan, les drapeaux. Les hommes portent la blouse blanche en service jusqu'à la guerre Russo-japonaise au cours de laquelle, jugée trop voyante, elle fut teinte en kaki.

16 • Jubilé de la bataille de Poltava, en 1908. Ce pavillon de bois abrite les drapeaux, anciens et actuels, sortis pour l'événement.

Semenovski

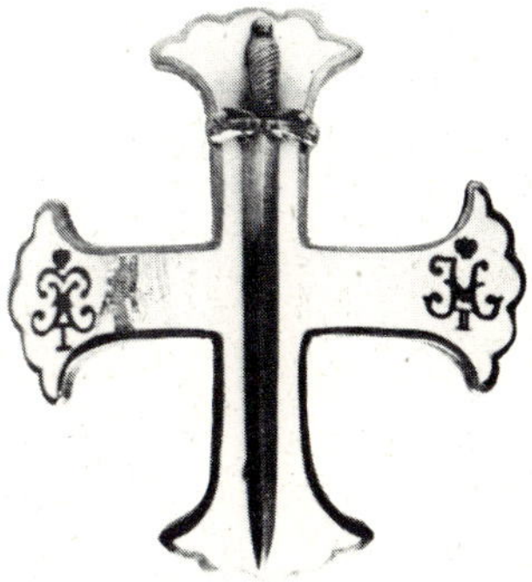

L'insigne régimentaire, adopté le 11 juillet 1908, représente une croix émaillée blanche aux extrémités palmées, bordée d'or. La branche centrale est chargée d'une épée d'argent à garde dorée, pointe en bas, et aux extrémités de la branche transversale, se trouvent les monogrammes dorés de Pierre le Grand et de Nicolas II.

1

1 • Le général-major de la Suite George Alexandrovitch Mine, commandant du régiment de 1904 à 1906. Sa détermination lors de la révolution de 1905 en fit une cible toute désignée pour les révolutionnaires et il fut assassiné en 1906. On voit ici particulièrement bien les broderies propres au régiment et le hausse-col destiné aux officiers supérieurs de la « Petrovski brigade » : celui-ci comportait en bas les dates 1683 et 1883, et en haut, ici cachée par la croix de Saint-Wladimir 2e classe, 1850. Le général, dont la mèche de cheveux blancs était célèbre dans toute l'armée, porte sur la poitrine la plaque de l'Ordre de Boukhara et, au-dessus, celle d'Alexandre Nevski avec diamants. Sa brochette de décoration comprend en outre, parmi d'autres, la Légion d'Honneur (France), la Couronne de fer (Autriche) et la croix du Danube (Roumanie).

• Régiment frère du Préobrajenski, sa formation remonte comme pour celui-ci au 23 mai 1683, jour où les compagnons de jeux militaires de Pierre le Grand, dont certains viennent du village de Semenevskoe, sont regroupés en une unité constituée. En 1687, soit quatre ans plus tard, ceux que le tsar appelle ses « amuseurs » forment deux régiments, dont le second prend le nom de « Semenovski ».

En 1698, une compagnie de Bombardiers et une de Grenadiers sont adjointes aux trois bataillons existants, et, le 22 août 1700, le régiment devient « L.G. Semenovski ». De 1707 à 1710 l'unité est transformée en régiment monté.

De nouveaux régiments vont être constitués à partir du Semenovski. Ainsi, le 19 mars 1726, la compagnie d'invalides stationnée à Moscou depuis 1703 devient le « L.G. Bataillon », puis en 1727, forme le « L.G. bataillon de Moscou ». En 1770, un détachement de Chasseurs et un de Canonniers sont adjoints au Semenovski, qu'ils quittent le 9 novembre 1796 pour former respectivement le L.G. Jägerski et le régiment d'Artillerie de la Garde.

Le 17 mars 1800, le régiment prend le nom de « L.G. régiment de Son Altesse Impériale Alexandre Pavlovitch », mais, dès le 14 mars 1801 reprend celui de Semenovski.

Le 2 novembre 1820, le régiment refuse d'obéir aux ordres du brutal colonel Schwarz, son commandant. Alexandre Ier dissout alors le Semenovski et disperse ses effectifs avant de créér un nouveau régiment à partir d'éléments venant des Grenadiers; mais les officiers ne reçoivent que les privilèges de la Jeune Garde, au lieu de ceux de la Vieille Garde à laquelle appartenait la précédente unité. Ces derniers ne seront rendus que le 6 décembre 1823.

• En 1695, le régiment prend part à la campagne d'Avoz et participe, l'année suivante, à la prise de la ville.

En 1700, à la bataille de Narva, agissant avec le Préobrajenski, il évite, grâce à son héroïsme, la destruction totale de l'armée; en 1703, il s'illustre contre les Suédois, et en 1704, se distingue à la prise de Narva et à celle d'Ivangorod. Viennent ensuite : la prise de Mitau en 1705, les combats contre les Suédois en 1708, Poltava en 1709, la prise de Viborg en 1710, la campagne contre les Turcs sur le Pruth en 1711, la Poméranie en 1712, la bataille de Friedrichstadt et la prise de Tüningen en 1713; en 1714, les différents bataillons s'illustrent en Finlande (prise d'Abo) et contre les Suédois (bataille navale de Gangout); en 1715 campagne navale sur les côtes d'Esthonie et de Courlande. En 1722, campagne contre la Perse. Prise d'Otchakov (un bataillon combiné) en 1737, guerre contre les Turcs en 1738-1739, contre les Suédois en 1742, 1789 et 1790 (en Finlande). Puis viennent les guerres napoléoniennes : Austerlitz en 1805, Gutstadt, Altkirsch et Friedland en 1807, Borodino en 1812, Lützen, Bautzen, Kulm et Leipzig en 1813, prise de Paris en 1814; campagne contre la Turquie (1er et 2e bataillons) en 1828, contre la Pologne en 1831 et 1863, contre la Hongrie en 1849. Enfin, guerre russo-turque de 1877-1878 : Pravetz, traversée des Balkans et prise de San Stefano.

• En récompense de ses glorieuses campagnes, le régiment reçoit en 1883, pour chacun de ses bataillons, un drapeau de Saint Georges portant l'inscription « Pour la bravoure montrée à la bataille du 17 août 1813 à Kulm » et les dates « 1683-1700-1850-1883 » (1850 rappelant le 150e anniversaire de son titre « de la Garde »). Il possède également un pavillon de galère, rappelant son service embarqué (contre les Suédois, jusqu'en 1720).

A partir de 1910, les officiers portent un hausse-col de modèle ancien avec l'inscription « 1700 N° 19 », en souvenir de Narva, et les dates « 1683-1850-1883 ».

L'insigne de coiffure porte « Pour Pravetz, le 11 novembre 1877 ».

La 1re compagnie porte le monogramme impérial sur les épaulettes et les pattes d'épaule, et le chef de la 3e compagnie, tout comme son détachement de rameurs, portent eux, le monogramme de Pierre le Grand accompagné d'une ancre.

• La fête du régiment a lieu le 21 novembre, jour de la présentation de la Vierge au Temple.

• Ancienneté : 23 mai 1683.

• Type physique réglementaire : grande taille, chatain, sans barbe.

• L'empereur est Chef du régiment, tout comme ses prédécesseurs depuis l'Impératrice Anna Ionnaovna (1731). Y appartiennent le Tsarevitch Alexis, les Grands ducs Boris et André Wladimirovitch.

• Stationné à Saint-Pétersbourg, le régiment est commandé en 1914 par le général major Yvan Sevastianovitch von Etter, né en 1863, ancien élève du Corps des Pages.

2

2 • Officier en tenue ordinaire, c'est-à-dire sans le plastron de couleur rouge à passepoil blanc, amovible, porté depuis le 1er décembre 1907. Les pattes d'épaules remplacent les épaulettes et le baudrier de ceinture galonné d'or avec boucle en forme de serpent est porté sans l'écharpe.

3

3 • *La haute taille des hommes du Semenovski (comme d'ailleurs du Préobrajenski) est particulièrement mise en évidence sur cette photographie des hommes du régiment détachés au régiment combiné d'Infanterie de la Garde en 1909. De gauche à droite : le sous-officier Levtchev du Semenovski, le caporal Koulkov du 5ᵉ régiment d'infanterie de Kalouga et le caporal Lanine du Préobrajenski. La position des fusils donne une bonne idée de leurs tailles respectives.*

4 • *1910 : le Grand duc André Wladimirovitch en compagnie des officiers du régiment. A gauche, assis, les mains jointes, le général-major de la Suite Eugène Fedorovitch Novitzki, né en 1868, commandant du régiment de 1910 à 1913. Les parements des vareuses kaki sont passepoilées de blanc et les poches de poitrine de bleu clair, couleur distinctive du régiment.*

4

5

6

5 • L'adjudant Kouzma Petrovitch Matveiev, chef de Musique du régiment de 1907 à 1911. Il porte encore l'ancien uniforme sans plastron, simplement orné du passepoil blanc distinctif des unités de la 1re division d'Infanterie de la Garde.

6 • Le capitaine Riman en 1910, qui se distingua en 1905 à Moscou au moment de la première révolution. Il est ici en grande tenue qui permet de bien voir le nouveau hausse-col modèle 1910 commun aux régiments Préobrajenski et Semenovski et à la 1re brigade d'Artillerie. A gauche, sur sa poitrine, sous l'insigne du régiment, ceux du Corps des Pages et de la Croix Rouge.

7 • Les obsèques du général S.I. Sauvage, commandant du Sémenovski de 1915 à 1916 et tué au combat. Le cercueil, porté par des officiers du régiment, dont le colonel Pronine, immédiatement derrière le prêtre, arrive à l'église du régiment consacrée à la « Présentation de la Vierge au Temple ». Remarquons à gauche de la photo l'allure de l'adjudant-chef de la 1re compagnie de Sa Majesté et porte-drapeau du régiment, amplement barbu et décoré.

8 • Manœuvres d'été du bataillon de réserve du régiment à Krasnoié-Sélo en 1915. De gauche à droite : 1) Stolitza 2) Chichkov I 3) Yakimovitch I 4) Stepanov II 5) Schmemann 6) Chichkov I 7) Lobatchevski 8) Scharnhorst. On remarque qu'en tenue de campagne, beaucoup d'officiers portent la gymniastorka de troupe, généralement retaillée.

7

8

9

9 • *Le capitaine en second Alexandre Wladimirovitch Popov, né en 1880, photographié ici en 1910. Il porte les aiguillettes d'aide de camp sur son grand uniforme.*

1

10 • *Le même, colonel en 1917, faisant fonction de commandant du régiment, succédant au général-major P.E. Tillo. En effet, le commandant en titre, dans les régiments de la Garde, doit être un général. Le colonel Koutiepov, en 1917, sera dans la même situation au Préobrajenski. Le colonel Popov porte ici la casquette de temps de paix, vert foncé à bandeau bleu clair passepoilé de rouge.*

Izmaïlovski

L'insigne régimentaire, adopté le 15 mars 1910, représente deux « I » disposés en croix émaillés bleus, symbolisant l'Impératrice Anna Ioannovna, surmontés d'une couronne impériale dorée à laquelle ils sont reliés par deux rubans dorés. Sur la croix bleue broche un « A » doré, dont la barre centrale est chargée du monogramme de Nicolas II également doré. Entre les deux branches inférieures de la croix bleue, la date de fondation du régiment : 1730.

1

1 • Le Grand duc André Wladimirovitch, inscrit sur les listes du régiment à sa naissance, le 2 mai 1879. On remarque, à son épaulette dorée, ornée du monogramme impérial, qu'il appartient à la 1re compagnie « de Sa Majesté », et qu'il sort du Corps des Pages, dont il porte l'insigne d'émail blanc en dessous de celui du régiment. Sa poitrine est barrée du cordon bleu-ciel de l'ordre de Saint-André, que recevaient tous les membres de la Famille impériale. La plaque de l'ordre est agraphée sur le côté gauche de la poitrine, au-dessus de celle de l'ordre de Saint-Alexandre Nevski. En outre, le Grand-duc arbore l'ordre bulgare du Mérite national (militaire).

• Ce régiment est créé le 22 septembre 1730 par l'Impératrice Anna Ioannovna à partir de la Land milice ukrainienne.

En 1770, lui sont adjoints des détachements de chasseurs et de mortiers portatifs. Le 9 novembre 1796, les premiers passent au L.G. bataillon de Chasseurs, et les seconds au L.G. bataillon d'Artillerie. Puis après qu'aient été adjoints à l'unité le 3ᵉ et le 5ᵉ bataillon de Gatchina, le 17 mars 1800, le régiment prend le nom de « L.G. régiment de S.A.I. Constantin Pavlovitch », et quelques semaines plus tard, le 28 mai, de « L.G. régiment de S.A.I. Nicolas Pavlovitch ». Enfin, le 14 mars 1801, il prend le nom définitif d'Izmaïlovski, venant de celui d'un village des environs de Moscou, propriété héréditaire des Romanov : Izmaïlovo.

• En 1737, le régiment prend part à la guerre contre la Turquie et se distingue à la prise d'Otchakov. Il se bat en 1738 à Savrani, en 1739 à Stavoutchan et à Khotin. Il joue un rôle prépondérant au moment du coup d'état qui met sur le trône Catherine II en 1762. Viennent ensuite la guerre contre la Suède en Finlande en 1789-1790, puis les campagnes napoléoniennes : Austerlitz en 1805, Finlande à nouveau en 1808, Borodino en 1812, Lützen, Bautzen, Kulm et Leipzig en 1813, enfin, en 1814, La Rothière et la prise de Paris. Ce sont ensuite les différentes campagnes du XIXᵉ siècle : Turquie et prise de Varna en 1828, Pologne en 1831, Hongrie en 1849, Pologne en 1863, Turquie en 1877-1878 avec les batailles de Gornyi-Dubniak, Pravetz, Chandornik, Tachkissen, et la traversée des Balkans.

• L'Izmaïlovski reçoit en 1813 des drapeaux de Saint Georges avec l'inscription « Pour distinction lors de la défaite et l'éviction de l'ennemi hors de Russie en 1812 ». Ces drapeaux seront remplacés en 1850 et ornés des banderoles de Saint André.

Le régiment possède 2 trompettes d'argent remises le 6 avril 1857 pour la prise d'Otchakov en... 1737 ! Il reçoit également 2 autres trompettes d'argent, attribuées le 26 août 1813 avec l'inscription « Pour la distinction montrée à la bataille de Kulm le 17 août 1813 ». Le hausse-col des officiers, attribué par le décret nᵒ 460 de 1912, est du modèle 1732.

La plaque de distinction des coiffures porte à l'origine (17 avril 1878) l'inscription « Pour distinction dans la guerre de Turquie 1877-1878 » ; elle sera modifiée le 14 septembre de la même année : « Pour Gornyi Dubniak le 12 octobre 1877 ».

• La fête du régiment a lieu le jour de la Sainte Trinité.

• Ancienneté : 22 septembre 1730.

• Type physique réglementaire : brun, et, pour les soldats de la 1ʳᵉ compagnie : barbe.

• Depuis Anna Ioannovna, les différents souverains sont traditionnellement Chefs du régiment.

• Stationné à Saint-Pétersbourg, l'Izmaïlovski est commandé en 1914 par le général-major Kruglievski.

2 • Le Grand duc André Wladimirovitch en tenue du régiment mais sans les insignes de poitrine.

2

3 • Le Grand duc Constantin Constantinovitch en uniforme du L.G. Izmaïlovski, sur les listes duquel il figure dès sa naissance le 10 avril 1858. Il deviendra Inspecteur de l'Enseignement militaire et la mort de cet oncle du Tsar le 2 juin 1915, à l'âge de 57 ans, affectera profondément Nicolas II.

3

4

4 • Drapeau du régiment, remis à celui-ci en 1850 à l'occasion du cinquantième anniversaire de la nomination de Nicolas Ier comme colonel honoraire de l'unité. Il ne reste plus grand chose de l'étoffe jaune à coins blancs d'origine ; seuls subsistent les cordons et les banderoles. Conformément au règlement, les hommes de la 1re compagnie, dite de « Sa Majesté », et que l'on voit immédiatement derrière l'emblème et sa garde, portent la barbe.

5

6

5 • *Sous-lieutenant en redingote; l'insigne régimentaire est également porté avec cette tenue.*

7 • *En 1901, à Tsarskoié Sélo, l'Izmaïlovski défile devant Nicolas II, qui porte l'uniforme du régiment. Derrière lui, sabre à la main, le général-major Elita von Wolski, commandant de l'unité depuis le 27 août 1900 et le légendaire Grand duc Wladimir Nicolaevitch.*
On remarque la tenue peu habituelle des hommes, portant le couvre casquette blanc avec la tenue d'hiver. Ce couvre casquette ne cache que la partie supérieure de la coiffure, mais le bandeau régimentaire étant blanc à liseré rouge, la casquette donne l'impression d'être entièrement blanche.

6 • *Le même sous-lieutenant en grande tenue porte le hausse-col attribué aux officiers en 1912, identique au modèle 1732, doré avec motif central émaillé : aigle noir et croix de Saint-André bleu-ciel sur fond blanc. Les broderies de col et de parements rappellent, selon la tradition, la natte de cheveux à huit tresses que portait l'impératrice Anna Ioannovna lorsque, après avoir créé le régiment, elle lui remit son drapeau au cours d'une revue et prit le titre de Chef de l'unité. Le plastron, rouge à passepoil blanc, est distinctif des trois premiers régiments de l'Infanterie de la Garde.*

7

8 • A.N. Porietzki, commandant du bataillon combiné de la Garde de 1900 à 1904, comme colonel détaché du régiment Préobrajenski. Il sera plus tard nommé général-major de la Suite et commandant du L.G. Izmaïlovski, dont il porte ici l'uniforme. Sur sa poitrine, à droite, l'insigne de service du 1er bataillon du Préobrajenski et celui du bataillon combiné.

9 • Le général-major A.A. Herzig en 1914, alors commandant de la 2e brigade d'Infanterie de la Garde, composée des régiments Izmaïlovski et Jägerski; il porte ici la tenue du Pavlovski, dont il arbore l'insigne sur la poitrine, ainsi que les passepoils blancs des poches.

Jägerski

L'insigne régimentaire, créé le 8 juillet 1907, représente la Croix de Kulm (ou Croix de Fer), noire bordée d'argent, portant en son centre les monogrammes dorés de Paul Ier et Nicolas II. Ceci par référence à la bataille de Kulm où, en 1813, le régiment s'était distingué.

1 • Tsarskoié-Sélo, 17 août 1912 : fête du régiment. L'Empereur, en tenue de l'unité, passe celle-ci en revue en compagnie du tsarevitch, suivi à quelques pas par le Grand duc Nicolas. Le Jägerski est alors commandé par le général-major Wladimir Iablochkine. A droite des tambours et des fifres, derrière l'officier de compagnie, se tient le clairon du régiment. Devant lui, l'aide de camp régimentaire et l'officier supérieur adjoint. A la suite de cette visite, l'Empereur accordera au régiment le privilège de remplacer ses musiciens par un ensemble de 63 cors de chasse.

• Formée le 9 novembre 1796 en tant que L.G. bataillon de Chasseurs, cette unité est constituée à partir des chasseurs des régiments Semenovski et Izmaïlovski et des compagnies de chasseurs de la garnison de Gatchina. Il reçoit dès sa fondation les privilèges de la Vieille Garde, et le 10 mai 1810, il devient régiment de Chasseurs de la Garde (Jäger). Le 31 mars 1856, il prend le nom de L.G. Gatchinski et ne reprendra définitivement le nom de L.G. Jägerski que le 17 août 1871.

• Il participe à la campagne de 1805 et combat à Austerlitz; il se distingue ensuite en 1807 à Gutstadt et Friedland, en 1808 en Finlande contre les Suédois, en 1809 à la traversée du golfe de Botnie, en 1812 à Smolensk, Borodino et Krasnoié, en 1813 à Bautzen, Kulm et Leipzig, et est en 1814 à la prise de Paris. Après les campagnes napoléoniennes, on le retrouve en 1828 contre la Turquie où il se distingue à Hadji-hassan-dar et à Varna, en 1831 et en 1863 contre la Pologne, en 1849 contre la Hongrie, en 1877-1878 contre la Turquie, à Telich et Kioustendil.

• Le 9 novembre 1896, à l'occasion de son jubilé, il reçoit un nouveau drapeau de Saint Georges (les premiers avaient été octroyés en 1813) comportant l'icône de Saint Myron, avec l'inscription « Pour distinction lors de la défaite et l'éviction de l'ennemi hors de Russie en 1812 » et la banderole de Saint André.

La plaque de distinction porte pour inscription « Pour Telich le 12 octobre 1877 », attribuée le 30 septembre 1878, remplaçant celle donnée le 17 avril de la même année « Pour distinction lors de la guerre russo-turque 1877-1878 ».

Le régiment possède 2 trompettes d'argent gravées « Pour distinction à la bataille de Kulm le 17 août 1813 », attribuées le 26 août 1813 et, le 26 août 1912; Nicolas II lui accorde le privilège d'utiliser des cors de chasse pour exécuter les différentes sonneries, en souvenir des exploits des chasseurs de 1812. En 1913, le régiment possède un ensemble de 63 cors au lieu de fifres et de tambours.

• La fête du régiment a lieu le 17 août, jour de la Saint Myron.

• Ancienneté : 9 novembre 1796.

• Type physique réglementaire : taille petite et svelte, toutes couleurs de cheveux.

• Stationné à Saint-Pétersbourg, le Jägerski est commandé en 1914 par le général major Alexandre Boukovski, qui recevra la croix de Saint-Georges pour s'être distingué dès le 20 août à la tête de son régiment.

2

2 • Reconstitution réalisée en 1896, à l'occasion du Centenaire du régiment et montrant les différentes tenues portées par l'unité au cours de son histoire. Les régiments russes aimaient réaliser ce genre d'évocation, mais la qualité et la fidélité de celle-ci la placent sans doute parmi les meilleures, tant par l'exactitude des tenues et de l'armement que par l'allure même des personnages, portant moustache et coupe de cheveux en parfaite conformité avec les modes du temps.

3

3 • Autre photographie de cette reconstitution, symbolisant la pyramide du temps.

4

6 • *Le capitaine Dimitri Gebel, décoré de la croix de Saint-Georges pour action d'éclat le 6 novembre 1914; il recevra un sabre de Saint-Georges pour un autre fait d'armes en juillet 1915.*

6

7 • *Chaque année, le 6 janvier, les drapeaux et étendards de la Garde assistent à la cérémonie de la Bénédiction des eaux à Saint-Pétesbourg. En 1906, exceptionnellement, cette cérémonie a lieu à Tsarskoié-Sélo. Cette photographie montre les emblèmes ce jour-là, avec, au premier plan, le drapeau du Jägerski, et, au centre, celui du Pavlovski.*

7

4 • *Portrait d'un sous-officier de la 1re compagnie, portant la nouvelle tenue comportant le « kiver » (shako) et le plastron vert clair à passepoil blanc qui n'est ici pas porté.*

5 • *Le drapeau de Saint Georges accordé au régiment le 9 novembre 1896. Il est du modèle 1883, en étoffe vert foncé, brodé d'or et bordé de rouge. L'une des faces est ornée de l'icône de Saint Myron, l'autre du monogramme de Nicolas II. La hampe est peinte en noir, couleur du 4e régiment de la division. Le porte-drapeau appartient à la 1re compagnie dite « de Sa Majesté », ainsi que le montre le monogramme impérial ornant ses pattes d'épaule, tout comme celles de l'officier tenant obligeamment le coin du drapeau... Notons au passage les broderies de col et de parements propres au régiment.*

8

8 • Le général-major P.P. Chouvalov, commandant le L.G. Jagerski au début du règne de Nicolas II, de 1894 à 1895.

9 • Le drapeau du L.G. Jägerski pendant la guerre. La sentinelle porte une seule cartouchière, la deuxième n'étant portée qu'en première ligne.

Cosaques de l'Empereur.
Détail de l'aigle modèle 1875 des drapeaux et étendards de Saint-Georges de la Garde. Il comporte en son centre une croix de Saint Georges d'officier, du module correspondant à la 2e classe de l'ordre.
Le dernier étendard remis au régiment le 20 avril 1875 est, encore aujourd'hui, sorti tous les ans pour le Moleben de la fête du régiment, le 4/17 octobre, jour anniversaire de la bataille de Leipzig (1813).
Il est du modèle 1860, légèrement modifié en 1871 quant aux dimensions, à fond jaune et carrés d'angle rouges. Coins mi-partie blancs et noirs avec bissectrice orange. Broderie et galonnage argent, aigle au naturel. S'agissant d'un emblème de jubilé sous la couronne de feuillages entourant l'aigle, ruban de Saint André avec les dates « 1775-1796-1875 ».

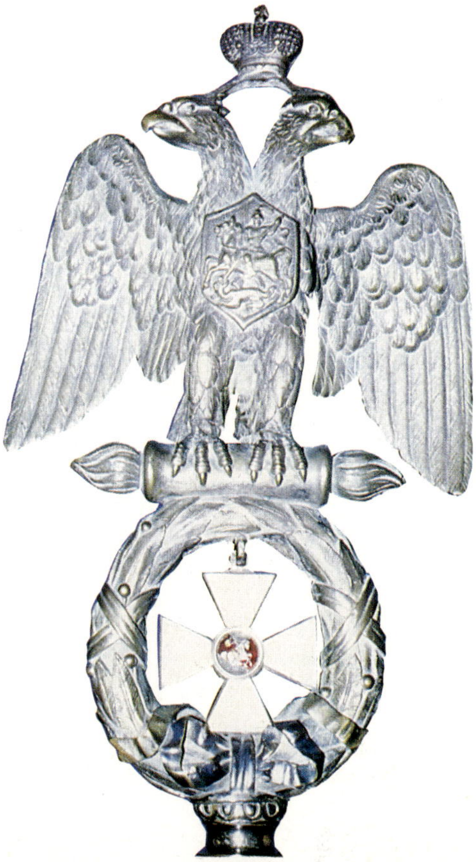

1

Epaulettes et Pattes d'épaule.

1) Epaulettes d'officiers supérieurs.
De gauche à droite : 1) Colonel (Troupes à pied et Cuirassiers; 2) Colonel de cavalerie; 3) Général de cavalerie (ici Major-général).

2

2) Officiers subalternes de cavalerie.
De gauche à droite :
1) Rotmistr ou Esaoul (cosaques); 2) Cornette; 3) Cornette ou Khorounji (cosaques); 4) Stabs-Rotmistr ou Podésaoul (cosaques).

3

3) Officiers subalternes des Troupes à pied et Cuirassiers.
De gauche à droite :
1) Kapitan (ici L.G. Volynski, 1re compagnie « de sa Majesté »; 2) Stabs-Kapitan; 3) Kapitan d'une 1re compagnie « de sa Majesté » ou Rotmistr du premier escadron des Gardes à Cheval; 4) Kapitan du 3e Tirailleurs Finnois de la Garde.

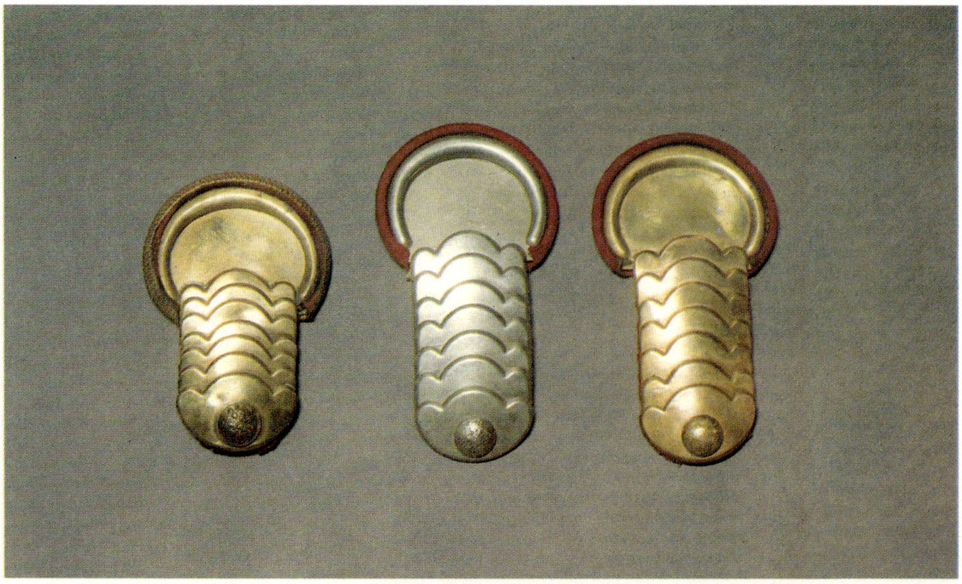

4

4) Epaulettes de cavalerie. Troupe.
De gauche à droite : 1) Sous-officier, Lanciers de l'Impératrice ; 2) Cavalier, Lanciers de l'Empereur et Cosaques de l'Empereur ; 3) Cavalier, Lancier de l'Impératrice.

5

5) Epaulettes
En haut : Ceinture de parade d'officier de Marine.
Bas gauche à droite :
1) Equipage de la Garde : Mitchman ; 2) Equipage de la Garde : Leiténant rattaché à l'Amirauté ou Aide de camp ; 3) Capitaine (monogramme brodé d'une compagnie « de Sa Majesté ».)

6

6) Pattes d'épaule.
En haut, de gauche à droite : 1) Général d'Infanterie (Tirailleurs, 1er ou 4e) ; 2) Général-Leïtnant ; 3) Général-Maïor (Grenadiers à Cheval et Artillerie) ; 4) Polkovnik (2e et 3e Tirailleurs) ; 5) Polkovnik (Grenadiers à Cheval, Artillerie) ; 6) Polkovnik (Chevalier-Gardes ou Suite Impériale) ; 7) Polkovnik à la retraite (zig-zag de métal inversé). En bas : 1) Rotmistr (Hussards de l'Empereur, 1er escadron) ; 2) Stabs-Kapitan ; 3) Poroutchik (4e Tirailleurs, 1re compagnie) ;
4) Poroutchik (Cuirassiers de l'Empereur, 1er escadron) ;
5) Cornette (lanciers de l'Impératrice) ;
6) Praporchtchik ; 7) Riadovoï (1er Tirailleurs, 1re compagnie).
Les pattes d'épaule pour manteaux et capotes sont coupées en biseau.

Chevaliers-gardes et Gardes à Cheval.

Hussards de l'Empereur.

Lanciers de l'Impératrice.

Lanciers de l'Empereur.

Cosaques de l'Empereur.

Equipage de la Garde.

Artillerie et Sapeurs.

Suite Impériale.

Preobrajenski et Moscovski.

Izmaïovski et Pavlovski.

1er, 2e et 4e Tirailleurs.

Casquette de tenue de campagne.

Kiver du L.G. Kexholmski.

Kiver de l'artillerie à cheval.

Chevaliers-Gardes et Cuirassiers de l'Empereur

Gardes à cheval et Cuirassiers de l'Impératrice (petite tenue).

Czapska des Lanciers de l'Empereur (officier) (photo Sotamuseo Helsinki).

Czapska des Lanciers de l'Impératrice. (Troupe).

Bicorne de Marine.

Papakha des Cosaques de l'Empereur modèle 1881 (troupe).

Bonnet des Cosaques de l'Empereur modèle 1910 (Officier).

Habit d'officier du L.G. Jägerski (1881-1907).

Kittel d'été. Escadron de sa Majesté. Garde à Cheval (1888-1907).

Habit d'officier du L.G. Peterbourgski mod. 1907 donné au régiment en 1908 (les monogrammes de Frédéric-Guillaume III manquent aux épaulettes).

Vareuse de campagne modèle 1907 L.G. Petrogradski en 1914.

Pelisse d'officier des Hussards de Grodno.

Redingote d'officier de Marine (officier de l'Equipage de la Garde rattaché à l'Amirauté).

1

2

1) Plaques de ceinturon de troupe.
En haut : de gauche à droite, modèle général (bouton or) modèle général (bouton argent). Au centre : Sapeurs. En bas : Equipage de la Garde, Artillerie de la Garde.

2) Quelques exemples de plaques de distinction pour coiffures.
1) « Pour Chandornik Arab Konak du 16 novembre au 20 décembre 1877 » porté par la 5e batterie de la 1re Brigade d'artillerie. 2) « Pour distinction » porté par les L.G. Peterbourgski et L.G. Kexholmski. 3) « Pour les 3, 4 et 5 janvier 1878 à Philippopol » porté par la 4e batterie de la 1re brigade d'artillerie. 4) « Pour Telich le 16 octobre, et les Balkans le 18 décembre 1877 », porté par les Lanciers de l'Impératrice, ici avec une plaque de Troupe. Dans la Garde le métal pour la troupe est en cuivre rouge et non pas en laiton comme dans la Ligne. 5) « Pour Telich le 16 octobre 1877 » porté par les 4e et 5e batteries de la 2e brigade d'artillerie et les 1re, 2e et 5e batteries de la 3e brigade d'artillerie. 6) « Pour Tachkisen le 19 décembre 1877 » porté par les Préobrajenski, Volynski, les 1re et 3e batteries de la 1re brigade d'artillerie.

3) Gibernes d'officiers de la Garde.
En haut : modèle commun pour toute la cavalerie. En bas : modèle de l'artillerie à cheval.

4) Cadeau traditionnel des Hussards de Grodno lors du départ d'un officier. Miniature en argent de la Sabretache du régiment, au dos le menu du banquet d'adieu et les signatures gravées des officiers. Celle-ci fut offerte au colonel C.A. Folbort en 1898.

5) Banderoles de Saint André pour Trompettes jubilaires et Cordon de Saint-Georges (1896). Ici attribuées à la 3e batterie de la 1re brigade d'Artillerie.

3

4

5

1

3

2

1) Etendard des Chevalier-Gardes. Remis le 11 janvier 1899. Aigle de Hampe modèle 1875 pour étendard de Saint Georges.

2) Icône régimentaire représentant Saint Zacharie et Sainte Elisabeth.

3) Banderoles de Saint André et cordon de Saint Georges.

Moskovski

L'insigne régimentaire, attribué le 15 avril 1911, rappelle la filiation avec le régiment Préobrajenski : une croix de Saint-André bleue, avec, dans les angles, les lettres S.A.P.R., signifiant « Sanctus Andreas Patronus Russiae ». Au centre, le blason de Moscou figurant Saint Georges terrassant le dragon. Le dessin de cet insigne est dû au célèbre artiste Samokich.

1

1 • Le tsarevitch Alexis, chef honoraire du régiment, en 1913.
Il est ici en grande tenue, le plastron rouge tranchant sur le drap d'uniforme vert foncé. On remarque que le ceinturon retenant la shashka a glissé sous l'écharpe d'officier, ce qui vaudrait certainement une remarque à un officier ordinaire!

• Le 12 octobre 1817, il est décidé de prélever les deux premiers bataillons du régiment Litovski pour former un nouveau régiment, le Moskovski, qui est incorporé à la Vieille Garde et reprend l'ancienneté du Litovski c'est-à-dire le 7 novembre 1811. A la suite de la révolte des Décembristes, en 1826, le 2e bataillon du nouveau régiment sert à constituer avec le 2e bataillon du Grenadierski le régiment combiné de la Garde, qui sera dissous à la fin de 1828.

Ce 2e bataillon combat en Perse en 1828, et le régiment lui-même participe à de nombreuses campagnes : contre les Turcs en 1828 (prise de Varna), en Pologne en 1831, en 1849 en Hongrie, à nouveau en Pologne en 1863. Puis vient la guerre russo-turque de 1877-1878 avec Gornyi-Dubniak, Telich, Pravetz, Arab-Konak, la traversée des Balkans et Philippopol.

• A sa formation, l'unité conserve les drapeaux de Saint Georges apportés par les deux bataillons du Litovski et elle reçoit les banderoles de Saint-André en 1850. En 1884, il est décidé que ces banderoles, tout en étant conservées, ne seront pas portées sur les rangs. En 1911, le Moskovski reçoit un nouveau drapeau de Saint Georges, orné de la Sainte Face, et comportant les mêmes inscriptions qu'en 1813 : « Pour la défaite et l'éviction de l'ennemi hors de Russie en 1812 » et les dates « 1811-1911 ».

En 1912, les officiers reçoivent un hausse-col du modèle 1808. Les coiffures portent une plaque de distinction avec l'inscription : « Pour Arab-Konak le 21 novembre 1877 », attribuée le 17 avril 1878. Le 7 novembre 1911, le 4e bataillon en reçoit une autre avec : « Pour Gornyi-Dubniak le 12 octobre 1877 ».

• La fête du régiment a lieu le 8 novembre, tout comme pour le Litovski.

• Ancienneté : 7 novembre 1811.

• Type physique réglementaire : cheveux roux et barbe.

• Le 8 novembre 1910, à Tsarskoié-Sélo, l'Empereur nomme son fils Alexis Chef honoraire du régiment, qui, stationné à Saint-Pétersbourg est en 1914 commandé par le général-major Michelson.

2

2 • Exercice des élèves sous-officiers. Afin d'exercer les hommes à l'ordre serré sans les fatiguer inutilement, on remplace les sections par des perches de bois. A droite, on remarque le jalonneur de compagnie, un fanion attaché à sa baïonnette. La couleur du fond et les bandes cousues horizontalement et verticalement permettent de reconnaître exactement l'unité.

3 • Le général Michel Alexandrovitch Hasenkampf. Membre du Conseil de guerre, professeur à l'Académie d'Etat-major Nicolas, il publia de nombreux et remarquables ouvrages militaires et fut l'un des collaborateurs de la célèbre Encyclopédie militaire.

3

4

4 • Officier en grande tenue, en 1912, arborant le nouveau hausse-col du modèle 1808 et, sur le côté gauche de la poitrine, l'insigne régimentaire. Comme pour toutes les unités de la 2e division d'infanterie de la Garde, le plastron est rouge, sans passepoil. Les broderies de col et les pattes de parement datent de 1908 (décrets des 29 janvier et 8 mars).

Grenadierski

L'insigne régimentaire, adopté le 20 juin 1909, représente la croix polonaise de l'ordre « Virtuti militari » en émail noir, inscription et bordure dorées. Le médaillon central représente l'aigle polonais argent sur fond doré entouré d'une couronne de lauriers verts. Cet insigne rappelle la part prise par le régiment à la prise de Varsovie en 1831.

1

1 • Fête du régiment, le 13 avril, à Tsarskoïé Sélo. L'Empereur, en tenue du régiment, passe la revue des drapeaux, exceptionnellement rassemblés puisque, en temps normal, seul celui du 1er bataillon est sur les rangs, ceci depuis le règlement de 1883.

2

2 • Le même jour. L'Empereur salue. A gauche, le commandant du régiment et, derrière Nicolas II, le général Hasenkampf, commandant la région militaire de Saint-Petersbourg. Il est ici en uniforme cosaque, car Ataman des cosaques d'Astrakhan. Il portera plus tard celui du régiment Moskovski (cf. p. 64). C'est à l'occasion d'une fête du régiment, celle de 1913, que le tsar redonnera au Grenadierski les aiguillettes supprimées par Alexandre Ier.

• Créée le 30 mars 1756 pendant le règne de l'Impératrice Elisabeth sous le nom de 1er régiment de Grenadiers, cette unité devient « Leib-grenadiers » avec Catherine II. En 1813, en récompense de ses actions d'éclat, il reçoit les privilèges de la Jeune Garde et entrera dans la Vieille Garde le 6 décembre 1831.

• Il participe en fait à presque toutes les guerres menées par la Russie depuis la Guerre de Sept Ans : Gross-Jägersdorf en 1757, Zorndorf en 1758, Künersdorf en 1759, prise de Berlin le 28 septembre 1760 et de Kolberg en 1761 ; guerre contre les Turcs de 1769 à 1774 (avec la bataille de Kagoul), contre les Suédois en Finlande en 1770, 1789 et 1790 ; campagnes napoléoniennes : Austerlitz en 1805, Gutstadt et Friedland en 1807, nouvelle campagne contre les Suédois en Finlande en 1808 et 1809, campagne de Russie en 1812 avec Borodino, Krasnoié, la Bérézina ; en 1813, Lützen, Bautzen, Dresde, Kulm et Leipzig ; prise de Paris en 1814.

Pour le 2e bataillon, en 1826, joint au 2e bataillon du Moskovski après la révolte des Décembristes, la campagne de Perse. En 1828, guerre contre la Turquie, en 1831, campagne de Pologne, en 1849, de Hongrie, en 1863, à nouveau contre la Pologne ; enfin, en 1877-1878, guerre contre la Turquie avec le passage du Danube, les batailles de Telich, de Gornyi-Dubniak, la prise d'Etropol, le passage des Balkans et le combat de Phillipopol.

• Le régiment reçoit de nombreuses récompenses et distinctions. Des drapeaux de Saint Georges lui sont attribués en 1813 avec l'inscription « Pour distinction lors de la défaite et l'éviction de l'ennemi hors de Russie en 1812 ». En 1856, chacun des six bataillons reçoit un nouveau drapeau de Saint Georges avec les banderoles de Saint André.

Deux trompettes d'argent lui sont données le 29 avril 1844 avec l'inscription « Pour la prise de Berlin le 28 septembre 1760 ».

Distinction spéciale, Catherine II confère au Grenadierski en 1775, pour son attitude à la bataille de Kagoul contre les Turcs, des aiguillettes d'or pour les officiers et jaune pour la troupe, avec monogramme à son chiffre (respectivement d'or et de métal blanc). Ces aiguillettes remplacées par Alexandre Ier, en 1802, pour la troupe, par des boutonnières (en 1809 pour les officiers), seront rendues au régiment le 13 avril 1913.

La plaque de distinction attribuée le 17 avril 1878, porte l'inscription « Pour Gornyi-Dubniak le 12 octobre 1877 ».

La 1re compagnie « de Sa Majesté » porte le monogramme impérial sur les épaulettes et les pattes d'épaule.

• La fête du régiment a lieu le 13 avril, jour du Saint martyr Artemon.

• Ancienneté : 30 mars 1756.

• Type physique réglementaire : brun et, pour la 1re compagnie, barbe.

• Inscrit sur les listes du régiment depuis le jour de sa naissance, le 6 mai 1868, l'Empereur Nicolas II en est le Chef depuis le 2 novembre 1894, date de son accession au trône. Son fils, le tsarevitch Alexis, est à son tour inscrit sur les listes régimentaires le jour de sa naissance.

• Stationné à Saint-Pétersbourg, le régiment est commandé en 1914 par le général-major Boutovitch.

3

3 • *Inspection de l'armement par un sous-officier au début du règne de Nicolas II. Les hommes, qui appartiennent à la 1re compagnie « de Sa Majesté », ainsi que le montrent les monogrammes d'épaule (encore au chiffre d'Alexandre III) portent les nouvelles tenues et l'équipement modèle 1894, avec les chargeurs en bandoulière sur la poitrine. Ils sont armés du fusil modèle 1891. Leur type physique, « bruns et barbus », correspond à celui prescrit par le réglement.*

4

4 • *Amusante photographie, typique de celles que les soldats faisaient prendre en souvenir de leur service. Le panneau, à gauche, permettait de changer à volonté le nom du régiment et le numéro de la compagnie suivant le sujet. Notre homme, loin pourtant de porter son propre uniforme, arbore celui de l'un des trois premiers régiments de la 1re division, un shako d'Etat-major, un fourreau de shashka de dragon et un sabre de... cavalerie légère! Mais il porte cependant les fameuses aiguillettes, dont sa famille, même peu familiarisée avec les détails d'uniforme, aura certainement entendu parler!*

5 • *Beaucoup de gloire, mais peu d'étoffe... C'est ce qui reste du drapeau du 1er bataillon remis en 1856. La barbe du vieux sous-officier porte-drapeau indique que celui-ci appartient à la 1re compagnie.*

5

6

6 • *Sur les marches du Palais Catherine, à Tsarskoïé Sélo, vraisemblablement en 1910, le général Boutovitch, commandant du régiment, salue la Famille impériale et en particulier le tsarevitch, membre du Grenadierski depuis sa naissance.*

7 • *Un jeune officier subalterne du régiment en 1913. On voit particulièrement bien le détail de l'aiguillette, tresse en fils d'or avec, au sommet, le monogramme d'argent de Catherine II. Sur la poitrine, ce sous-lieutenant porte la médaille du Tricentenaire des Romanof.*

7

8

8 • *Le drapeau en campagne. Roulé dans sa housse, il suit le régiment au combat, jusqu'à la révolution. Pendant les haltes, une sentinelle en armes veille près de la relique la plus précieuse de l'unité.*

Véritables reliques, ces mitres resteront en service jusqu'à la fin de l'Empire : au début du règne de Nicolas II, on en comptait encore 532 datant de 1807. Précisons qu'à cette époque, les soldats seuls portaient la mitre, les officiers ne la recevant qu'en 1825.

En 1857, les compagnies de tirailleurs du régiment reçoivent une mitre rappelant le modèle des mitres de fusiliers du XVIIIe siècle, c'est-à-dire plus basse et d'un profil différent. Ce modèle sera par la suite porté par l'ensemble du 4e bataillon.

En 1873, les plaques des mitres d'officiers recevront une étoile de Saint André émaillée, mesure étendue à la troupe en 1878 (mais sans émail). Le 30 septembre de cette même année, tous recevront une plaque de distinction avec l'inscription « Pour Gornyi-Dubniak, 12 octobre 1877 ».

Enfin, le pompon argent des mitres d'officier porte depuis 1884 le monogramme de l'Empereur régnant.

- La fête du régiment a lieu le 23 novembre, jour de Saint Alexandre Nevski.
- Ancienneté : 15 mai 1790.
- Type physique réglementaire : nez camus, blond et barbe pour la 5e compagnie, brun pour la 9e.
- L'Empereur est chef du régiment.
- Stationné à Saint-Pétersbourg, le régiment est commandé en 1914 par le général-major de la Suite Nekrassov.

2

2 • Sentinelle devant la caserne du régiment, sous sa guérite peinte aux couleurs impériales : blanche avec chevrons noirs liserés d'orange. Le soldat a le type physique propre au régiment : le nez camus, en souvenir de l'Empereur Paul Ier, sous le règne duquel l'unité fut créée, mais qui, contrairement à la légende trop fréquemment répétée, ne donna pas son nom au Pavlovski. Le régiment tire le sien du village de Pavlovskoié, dans les environs de Saint-Petersbourg.

Cette série de photographies, prises au cours d'une revue à Peterhof le 30 août 1906, permet de suivre les phases principales d'un défilé sous Nicolas II (3 à 8).

3

3 • Les hommes, en attendant l'Empereur, restent l'arme au pied. Le drapeau, porté par un sous-officier, est encadré par sa garde d'honneur (deux officiers et, derrière, un assistant). La hampe blanche indique qu'il s'agit du 3e régiment d'une division. Le drapeau de Saint Georges, modèle 1883, représente sur une face l'icône régimentaire, Saint Alexandre Nevski, et sur l'autre le monogramme d'Alexandre III. La musique, à quatre pas derrière les tambours, est normalement à sa place, à droite du 1er bataillon.

4

4 • Arrivée de l'Empereur, en tenue du Pavlovski, suivi par la calèche de l'Impératrice. Il passe en revue un premier régiment dont le drapeau n'est curieusement pas aligné sur le reste de l'unité. Au commandement « Présentez armes ! », le porte-drapeau saisit le pied de la hampe dans le creux de sa main, bras pendant.

5

5 • Le couple impérial passe devant le front du régiment. Tandis que les tambours battent, les hommes présentent les armes en tournant leur regard vers le souverain.

6

6 • Service religieux en plein air, en présence des assistants, souverain, officiers et soldats, tous découverts. Lors de l'aspersion, le drapeau, jusqu'ici porté au creux du coude du bras gauche, est incliné en avant, au bout du bras droit.

7

7 • *L'Empereur écoute le rapport fait par un sous-officier. Nicolas II, sans doute en raison de la chaleur, a ôté sa mitre et coiffé la casquette du régiment, verte à bandeau blanc, passepoilé de rouge, ici recouverte de la housse blanche d'été.*

8 • *Le régiment défile. En tête, sur un rang, et dans l'ordre d'ancienneté, de droite à gauche, les chefs de bataillons et autres officiers montés. Derrière eux, le clairon du régiment, dans l'axe du milieu du rang précédent. Enfin, à dix pas en arrière, les tambours et les clairons.*

8

9

9 • *L'Empereur, à cheval, est, selon le règlement, accompagné de deux trompettes de l'escorte personnelle de Sa Majesté (« Konvoï »), montés sur des chevaux blancs, et d'un sous-officier de cette unité. Derrière le souverain, la « suite » de service : un général aide de camp, un major-général de la Suite et un aide de camp (Flügel-adjudant).*

10 • Cette photographie en gros plan d'un officier permet de voir le détail de l'uniforme adopté en 1908, et qui comporte, pour chaque régiment de la Garde, un motif de broderie de col et de parement différent. Les plastrons de couleur ont été réintroduits sur la tenue verte des officiers et noire des hommes. Celui du Pavlovski est rouge, sans passepoil. Remarquons la grenade et la jugulaire relevée.

11

11 • Au camp de Krasnoié-Selo, en juillet 1901, une parade commémore le 25ᵉ anniversaire de l'entrée au régiment de l'Empereur Nicolas II. Service religieux, en présence du drapeau. Remarquons le glaive du porte-drapeau, qui restera l'arme de parade de l'Infanterie de la Garde jusqu'à la révolution. Le brassard de deuil est porté à la mémoire du Grand Duc Georges Alexandrovitch, frère de l'Empereur, récemment décédé.

2

12 • Même cérémonie, les soldats portent la gymniastiorka blanche et les officiers le « kittel » blanc modèle 1887 modifié 1888. Seule la casquette (et non la mitre) est portée avec cette tenue seyante. On reconnaît à gauche la silhouette caractéristique et les larges favoris du Grand duc Wladimir avec, à ses côtés, le général-major Wladimir Ioannikévitch Trotzki, commandant le régiment depuis 1900.

13

13 • 10 juillet 1914 à Krasnoié-Sélo. Dernière parade de temps de paix devant le Président de la République française, Raymond Poincaré. Quelques 100 000 hommes défilent ce jour-là, aux accents de marches françaises. Les hommes sont en vareuse de campagne kaki.

15

14

14 • Eté 1916, vraisemblablement près de Kovel, avant l'offensive Broussilov contre la ligne du Stokhod. Le général Klodt (au centre, mains jointes), commandant du régiment Finlandski, rend visite au général Guerasimov, commandant du Pavlovski (les deux unités appartiennent à la même brigade d'Infanterie de la Garde).
On remarque les vareuses de campagne kaki, modèle 1909, à passepoil distinctif des unités de la Garde : pour le Pavlovski, blanc autour des poches et rouge aux parements. Le jeune officier, à l'extrême droite, porte une gymniastiorka de soldat avec un liseré de fente de poitrine blanc. La plupart des officiers du Pavlovski portent réglementairement, sur la poche gauche, l'insigne régimentaire.

15 et 16 • Ci-dessus et à droite : *mitre d'officier, 1878- 1917.*

Finlandski

L'insigne régimentaire, adopté le 12 décembre 1906, représente, en souvenir de l'origine de l'unité, la croix dorée de l'Opoltchénié (levée en masse), sur laquelle broche un aigle bicéphale argent. Sur les branches, la devise de l'Opoltchénié « Pour la foi, le tsar et la patrie ». Le dessin de cet insigne est dû au capitaine Svischev.

La qualité des documents photographiques retrouvés a amené les auteurs à choisir ce régiment pour illustrer la vie quotidienne d'une unité sur le front pendant la première guerre mondiale.

1 • Le porte-drapeau du régiment en 1916, l'adjudant-chef Savtchouk, décoré des quatre croix de Saint-Georges pour soldats... Le drapeau est du modèle 1900 de Saint Georges : c'est celui remis au régiment le 12 décembre 1906. L'aigle de hampe est celui de la Garde, modèle 1875. L'étoffe est vert foncé, à bordure rouge, et galons et broderies dorés. Au-dessus de l'icône, représentant la Sainte Face, l'inscription « Dieu avec nous ». Au-dessous, le ruban orange et noir de Saint Georges et l'inscription ajoutée le 11 juin 1912 : « Pour distinction lors de la défaite et l'éviction de l'ennemi hors de Russie en 1812 ».

2 • Envers du drapeau : il présente le monogramme de l'Empereur Nicolas II, et, en-dessous, le ruban bleu ciel de Saint André avec les dates 1806-1906. En bas de la hampe, juste sous l'étoffe, la dragonne de Saint Georges servant à fermer la housse dans laquelle l'emblème est normalement conservé. En dessous, la « skoba », ou bague de cuivre doré, instituée en 1860, sur laquelle sont inscrits le nom actuel de l'unité, celui qu'elle portait à sa création et l'éventuelle inscription de distinction. Les aigles apparaissant dans les angles de l'étoffe sont au naturel, avec blasons et ornements héraldiques en couleur. Enfin, étant en campagne, les banderoles de jubilé, les cordons et les glands ne sont pas portés.

• Créé le 12 décembre 1806, le bataillon de la Milice impériale (à cinq compagnies plus une demi-compagnie d'artillerie), est composé à l'origine de paysans des domaines impériaux venant de Finlande, de Gatchina, d'Oranienbaum, de Krasnoié-Sélo et de Strielna. Il passe dans la Garde le 22 janvier 1808, et, le 8 avril, prend le nom de « L.G. bataillon Finlandski ». Il devient régiment le 19 octobre 1811 et, le 12 octobre 1817, son premier bataillon sert à constituer le régiment Volynski.

• Dès sa création, le Finlandski participe aux campagnes napoléoniennes : Gutstadt, Heilsberg et Friedland en 1807, Borodino, Taroutino, Malo-Yaroslavetz, et Krasnoié, où le régiment prend au maréchal Davout son bâton et ses bagages, en 1812; Lützen, Bautzen, Dresde, Kulm et Leipzig en 1813; prise de Paris en 1814. Puis viennent les campagnes contre la Turquie en 1828-1829, la Pologne en 1831 avec la prise de Varsovie, où le régiment se distingue dans le faubourg de Praga, la Hongrie en 1849 (où il n'est pas engagé), la Pologne à nouveau en 1863. Enfin c'est la guerre russo-turque de 1877-1878, avec le passage du Danube, celui des Balkans, et les batailles de Telich, Gornyi-Dubniak, Philippopol et Kargatch.

• Le Finlandski reçoit les drapeaux de Saint Georges en 1813, et un nouvel emblème de ce type à l'occasion de son jubilé, le 12 décembre 1906, avec banderole de Saint André, et les inscriptions « Pour distinction lors de la défaite et l'éviction de l'ennemi hors de Russie en 1812 » et « 1806-1906 ». Il possède en outre deux trompettes d'argent portant pour inscription « Régiment L.G. Finlandski, pour la bravoure et le courage exceptionnels montrés à l'occasion de la bataille de Leipzig le 4 octobre 1813 », conférées le 24 avril 1814. Deux autres trompettes de Saint Georges furent données le 6 décembre 1831, sur lesquelles est inscrit « Pour Varsovie les 25 et 26 août 1831 ».

La plaque de distinction, accordée le 17 avril 1878, porte « Pour Philippopol le 5 janvier 1878 ».

• La fête du régiment a lieu le 12 décembre, jour de la Saint Spiridon.

• Ancienneté : 12 décembre 1806.

• Type physique réglementaire : petite taille, svelte, toutes couleurs de cheveux.

• Le tsarevich Alexis fut nommé Chef du régiment le jour de sa naissance.

• Stationné à Saint-Pétersbourg, le Finlandski est commandé en 1914 par le général-major Teplov.

3

3 • *A un degré moindre qu'à l'ouest, en partie en raison de l'état général du terrain, la motorisation s'accentue, même si les chevaux restent indispensables. L'amateur de véhicules anciens appréciera. Notons la roue de secours accrochée au-dessus de la tête du conducteur, telle une bouée de sauvetage, rôle lui convenant parfaitement dans les régions marécageuses et boueuses !*

4

4 • *Le général baron Klodt, commandant le Finlandski pendant la guerre. Il est en tenue de campagne, entièrement kaki, et porte la gymniastorka de troupe, modèle 1912, au lieu de la vareuse d'officier. On note, sur la poche de poitrine gauche, l'insigne régimentaire. Les pattes d'épaule sont du modèle autorisé pendant la guerre, c'est-à-dire souples, en drap kaki, avec liseré de grade orange foncé, ici en « zigzag », puisqu'il s'agit d'un général. Le général Klodt porte en outre un ceinturon de troupe étroit, au lieu du modèle large réservé aux officiers.*

5

5 • *Essais de masque à gaz durant l'hiver 1916. Il s'agit du modèle Zelinski, à cagoule enveloppante. Le masque est contenu dans un boitier rectangulaire (dit « type de Petrograd ») comme le montre le soldat au premier plan, ou dans un boîtier ovale (de fabrication spécifiquement moscovite). Tout comme sur le front de l'ouest, les attaques à gaz causeront de lourdes pertes aux belligérants des deux camps.*

6 • L'officier de jour, le sous-lieutenant Petrov, le 13 décembre 1915, goûte la soupe du soldat, comme dans toutes les armées du monde... A côté de lui, l'un des enfants de troupe du régiment, en uniforme retaillé. Plusieurs photos de l'époque prouvent qu'au lieu de rester à l'arrière, ces enfants accompagnaient le régiment en campagne, sinon au front, L'uniformologue remarquera les pantalons ouatés des soldats ne portant pas de capote, assez peu courants à l'époque.

6

7

7 • Comme elle l'a été en 1812 et le sera en 1942, la boue russe demeure incomparable, ainsi que le vérifient les hommes figurant sur cette photographie prise en 1915 ! Les capotes sont retroussées pour éviter de trop importantes salissures... Un dernier effort avant de dégager le chariot de sa gangue gluante !!

8

8 • Visite au régiment du général comte André Petrovich (?) Schouvalof (avec barbiche et papakha).

9

10

11

9 • La « boutique du soldat » ou foyer de campagne, comme l'indique le panneau « Soldatskaia Lavka » à gauche de l'entrée. Les soldats peuvent y acheter les quelques « douceurs » qui améliorent l'ordinaire. La balance ne sert pas uniquement pour peser le tabac et autres denrées solides, car en Russie, la vodka se vend elle aussi au poids. Le soldat, avant dernier à droite, certainement un mitrailleur, est armé de son « beïbout » ou poignard courbe. Cette arme, peu pratique, servait en fait bien plus souvent à couper le pain qu'à d'autres tâches guerrières !

10 • La guerre n'empêche pas la célébration des grandes fêtes religieuses, comme ici celle du 6 janvier, anniversaire du baptème du Christ; l'une des douze grandes fêtes orthodoxes. Les bannières religieuses de la chapelle de campagne défilent ici entre deux haies de soldats présentant les armes, précédant, à l'arrière plan, le drapeau du régiment.

11 • Dernière image, nostalgique, de cette armée impériale : la prestation de serment au Gouvernement provisoire, en mars 1917... La cérémonie se passe, bataillon par bataillon, devant le père Skourtcho, aumônier régimentaire. On remarque les premières conséquences matérielles de l'abdication du tsar : l'aigle surmontant le drapeau a été démonté et le monogramme impérial, tout comme les aigles des angles et de l'avers de l'emblème, ont été recouverts d'étoffe rouge...

Litovski

L'insigne régimentaire, adopté le 15 mars 1910, représente l'aigle de shako modèle 1828, argenté, sur lequel se détache, dans un écusson émaillé rouge à bordure dorée, le cavalier argent des armes de Lithuanie.

2 • *Le général-major Schildbach commandant le régiment en 1914. Il porte au col les broderies spécifiques du Litovski, l'insigne du Corps des Pages et la croix de Saint Alexandre de Roumanie (?).*
Notons que la couleur distinctive du régiment (portée au col, sur les parements et sur le plastron) est, comme pour toute la 3e division d'infanterie, jaune. Mais la nuance du Litovski est canari ou citron, c'est-à-dire plus claire que pour les autres unités.

3

4

3 • *Les enfants de troupe du régiment. Cette institution qui, sous le dernier règne, n'existe plus que dans la Garde, permet à ces enfants, pour la plupart fils de sous-officiers et de soldats, d'être élevés dans l'unité même où sert leur père. Ils servent comme chantres à l'église du régiment et au cours des offices religieux; on leur enseigne par ailleurs un métier, mais nombre d'entre eux, à leur majorité, choisissent de rentrer au régiment, dans lequel figurent ainsi souvent plusieurs générations d'une même famille.*

4 • *Le capitaine A.F. Gontcharov (nom célèbre dans la littérature russe) porte ici l'uniforme d'avant 1908, sans plastron, avec le galonnage standard argenté au col et aux parements.*

5 • *Cette compagnie répond parfaitement aux critères physiques définis par le règlement pour le régiment : grande taille et glabre. Les deux officiers, à gauche, ne sont naturellement pas — et celà se voit — concernés par ces critères, exclusivement à l'usage de la troupe.*

5

Kexholmski

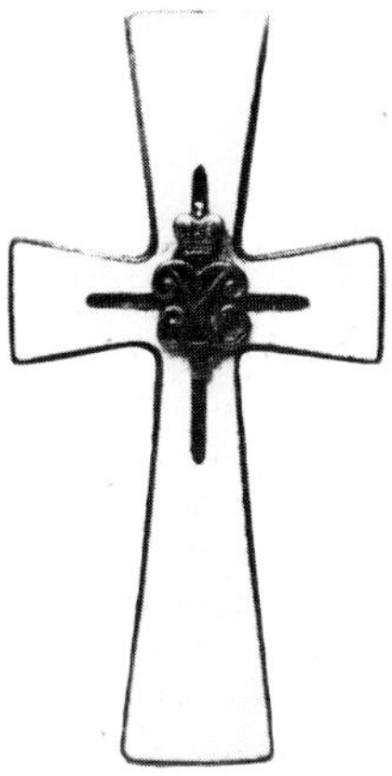

L'insigne régimentaire, adopté le 5 mai 1910, représente une croix d'émail blanc bordée d'argent, portant en son centre une croix dorée chargée du monogramme de Pierre le Grand également doré. Cette croix est la réplique de celle figurant sur la pierre commémorative érigée à Vyborg, à l'emplacement du quartier général de Pierre le Grand en 1710.

Il existe également un insigne jubilaire, créé à la même date, représentant une croix d'émail bleu reposant sur une ancre noire, et ornée d'une grenade surmontée des monogrammes combinés et dorés de Pierre le Grand et de Nicolas II.

1 • Le drapeau de Saint Georges accordé le 29 juin 1910 : étoffe bleu clair à bordure rouge et broderies argent. A gauche, banderole de Saint André avec l'inscription « 1710 régiment de Grenadiers, 1797 Kexholmski »; à droite banderole offerte par l'Empereur d'Autriche, mi-partie rouge, brodée d'or avec le monogramme « F. I », mi-partie bleu clair brodée d'argent.

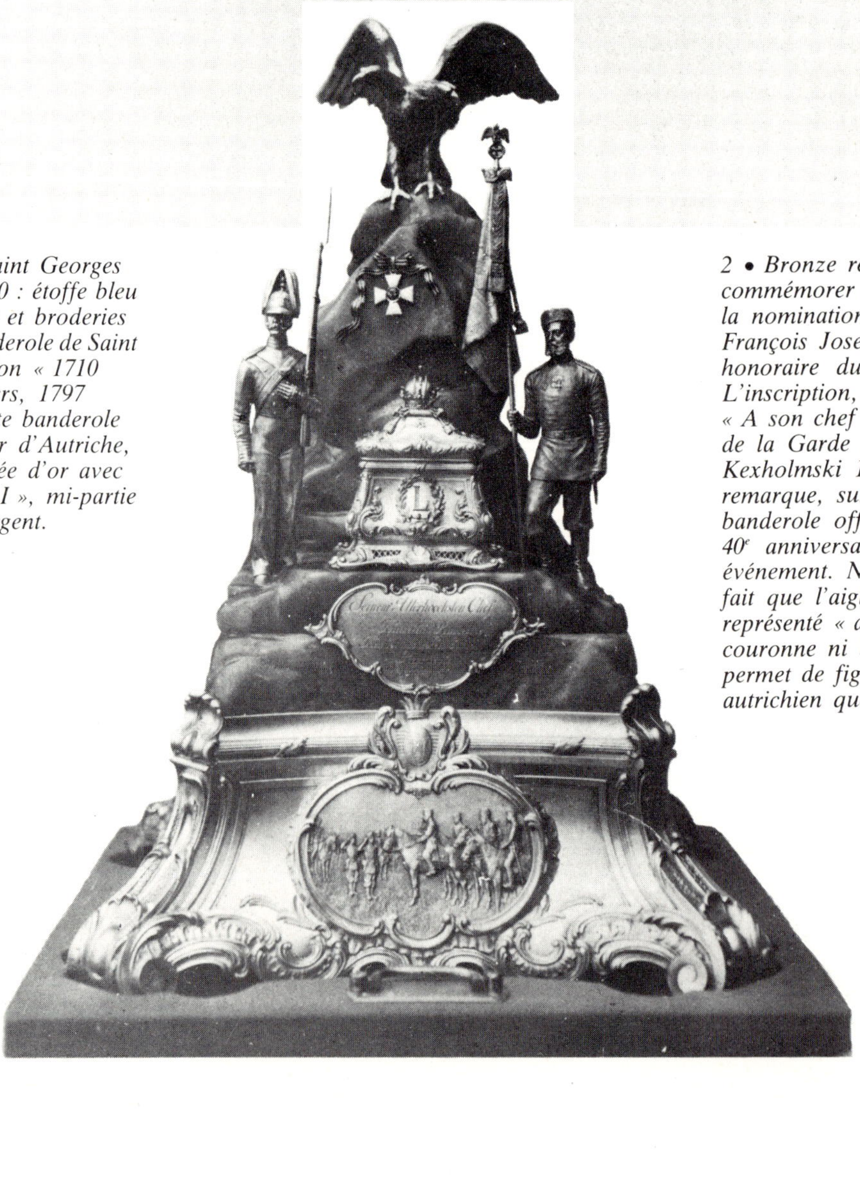

2 • Bronze réalisé en 1898 pour commémorer le 50e anniversaire de la nomination de l'Empereur François Joseph comme Chef honoraire du régiment. L'inscription, en allemand, signifie « A son chef suprême, le régiment de la Garde Impériale Russe Kexholmski 1848-1898 ». On remarque, sur le drapeau, la banderole offerte pour le 40e anniversaire du même événement. Notez également le fait que l'aigle bicéphale est représenté « au naturel », sans couronne ni blason, ce qui lui permet de figurer aussi bien l'aigle autrichien que russe.

• Créée en 1709/1710 en tant que régiment de Grenadiers du prince Bariatinsky, cette unité subit de très nombreuses modifications au cours de son histoire, puisqu'elle changea d'appellation ou fut réorganisée une vingtaine de fois en un peu plus de deux siècles!

Le 26 mars 1713, il devient 2e grenadiers et le 9 juin 1724, quatre compagnies donnent naissance aux régiments Astrabadski, Bakinski, Derbentski et Chirvanski. En 1725, il devient régiment de grenadiers Zykov, retransformé le 10 mai en régiment d'Infanterie. Le 16 février 1727, il prend le nom de 2e régiment d'infanterie de Yaroslav, reprend le 6 novembre son appellation précédente, mais, cinq jours plus tard, le 11 novembre, reçoit celle de régiment Kexholmski. Le 25 avril 1762, il devient régiment de Mousquetiers du général-major von Dalke, puis le 5 juillet, reprend son nom de Kexholmski, redevenant « Mousquetiers » au lieu « d'Infanterie » le 29 novembre 1796. Le 2 octobre 1798, il devient « Mousquetiers du général-major Soukov », puis, le 4 décembre 1800 « du général-major Werderevski », enfin le 31 mars 1801, à nouveau « Kexholmski ». Le 16 août 1806, trois compagnies passent au régiment de Libau et trois autres au régiment Pernovski. Le 22 février 1811, il redevient régiment d'Infanterie Kexholmski, puis le 13 avril 1813, en récompense de sa bravoure devant l'armée française, il reprend l'appellation primitive de « Grenadiers » et, le 7 octobre 1814, devient « régiment de Grenadiers de S.M. l'Empereur d'Autriche ».

Le 22 août 1831, il est rattaché au corps indépendant de la Garde, et, le 28 février 1835, devient « Grenadiers de l'Empereur François 1er », appellation modifiée le 28 décembre 1848 en « Grenadiers de l'Empereur d'Autriche ». Le 19 mars 1857, il prend le nom de « Régiment de grenadiers Kexholmski, de l'Empereur d'Autriche », devenant le 6 décembre 1894 « L.G. Kexholmski de l'Empereur d'Autriche » et reçoit en même temps les privilèges de la Vieille Garde. Enfin, le 1er août 1914, date de la déclaration de guerre, il abandonne le nom de son Chef honoraire, devenu ennemi, et devient le « L.G. Kexholmski ».

• Sous ses différentes et nombreuses appellations, ce régiment participe à pratiquement toutes les campagnes de l'armée impériale russe : En 1709, il est à Poltava, en 1710 à Viborg et à Kexholm (d'où il tirera son futur nom), et à Reval; en 1712, il combat près de la rivière Pelkina, en 1714 à Gangout, en 1720 à Grenham; en 1722, quatre compagnies participent à la campagne de Perse; en 1739, il se bat à Stavoutchani et à Khotin et prend part en 1742 à la guerre contre la Suède en Finlande; puis vient la guerre de Sept Ans de 1757 à 1761 avec les batailles de Gross-Jägersdorf, Zorndorf, Kustrin, Gundsfeldt et la prise de Berlin; nouvelle guerre contre la Suède en 1788-1790. En 1805, il fait partie du corps du Général comte Tolstoï, se bat en 1807 à Heilsberg et à Friedland, en 1809 contre la Suède, en 1812 il participe aux batailles de Borodino, Taroutino, Polotzk..., est en 1813 en Allemagne, avec les batailles de Lützen, Bautzen, Dresde, Kulm et Leipzig, en 1814 en France, avec celles de La Rothière, Arcis et la prise de Paris. Il prend part à la campagne de Pologne en 1831, à celle de Hongrie en 1849, est à nouveau en Pologne en 1863. Il se bat contre la Turquie en 1877-1878 à Tachkissen, Petritchev, Philippopol.

• Ces nombreuses campagnes lui valent les drapeaux de Saint Georges, renouvelés en 1910 avec les dates « 1710-1810-1910 ». En 1912, y est ajouté un ruban avec l'inscription « Pour distinction dans la guerre contre la Turquie 1877-1878, particulièrement le 4 janvier 1878 ». Le Kexholmski reçoit le 25 juin 1889 une banderole spéciale commémorant le 40e anniversaire de la nomination de l'Empereur d'Autriche François-Joseph comme Chef honoraire de l'unité.

Le régiment possède deux trompettes d'argent avec l'inscription « 1760 - 28 septembre. En souvenir de la prise de Berlin, sous le commandement de Son Excellence, le chevalier lieutenant-général Pierre Ivanovitch Panine, au temps du colonel Rennenkampf ».

La plaque de distinction des coiffures porte « Pour distinction »; elle fut accordée en 1816 en souvenir du combat d'Arcis sur Aube (1814).

Le 26 juillet 1910, le régiment reçoit un pavillon de galère, rouge, échancré, au franc quartier blanc à croix de Saint-André bleu-ciel. Le fer de hampe est orné du monogramme argenté de Pierre le Grand et d'une ancre. Le chef de la 3e compagnie, son adjoint et les hommes du détachement de canot portent sur leurs pattes d'épaule le même monogramme.

Le reste des hommes et des officiers du régiment porte sur ses pattes d'épaule le monogramme de l'Empereur d'Autriche « FI » brodé, et métallique argent pour la 1re compagnie. Ces monogrammes seront supprimés le 14 août 1914 en raison de la guerre.

En 1913, les officiers reçoivent un hausse-col modèle 1698.

- La fête du régiment a lieu le 29 juin, jour des Saints Apôtres Pierre et Paul.
- Ancienneté : 29 juin 1710.
- Type physique réglementaire : de grande taille, châtain et sans barbe.
- Stationné à Varsovie, il est commandé en 1914 par le général-major Malinovski.

3

3 • Photographiés au pied d'une colonne surmontée d'un buste de Pierre le Grand, entre deux grenadiers en uniforme de 1710, voici quelques tenues d'officiers du temps passé, de gauche à droite : époque d'Alexandre Ier, avec l'esponton porté au début du règne... mais le shako de fin de règne! Au centre, uniforme du temps de Pierre le Grand, comportant ce curieux bonnet pointu. Puis viennent les tenues du milieu et de la fin du XVIIIe siècle.

4 • A l'occasion du jubilé du régiment, en 1910, ont été reconstitués les différents uniformes portés depuis le règne de Pierre le Grand.

4

6

6 • *Présentation, le 26 juillet 1910, du pavillon de galère commémorant, de même que pour les L.G. Préobrajenski et Semenovski, le service à la mer du régiment sous Pierre le Grand. Le pavillon reçoit les mêmes honneurs que le drapeau. Notons que la hampe est blanche, et non pas noire comme le veut le règlement pour le drapeau régimentaire du 2ᵉ régiment d'une division. A droite du porte drapeau, le capitaine Adamovitch et, à l'arrière plan, l'équipage du canot, en uniforme de marin, appartenant à la 3ᵉ compagnie du régiment.*

7

5 • *Le général-major B.V. Adamovitch, issu du régiment Kexholmski, dont il porte ici tant l'insigne ordinaire que l'insigne jubilaire, et en dessous des deux premiers, celui du 123ᵉ régiment d'infanterie Kozlovski. Il est ici photographié en uniforme de commandant de l'école militaire de Vilna, dont on remarque les broderies de parements et de col propres aux Ecoles, tout comme le « kiver » avec plaque à rayons. En émigration, le général Adamovitch commandera le corps des Cadets du Grand duc Constantin en Yougoslavie.*

7 • *Le nouveau drapeau de Saint Georges remis en 1910, porté par son porte-drapeau, un sous-officier barbu, ce qui est contraire au règlement! Lui-même et l'officier qui est devant lui portent le nouvel uniforme adopté en 1908-1909 : tenue noire (pour la troupe) et bleu-vert pour les officiers, à plastron jaune, shako à bandeau bleu clair (le règlement de 1912 dira : bleu céleste!) passepoilé de jaune.*

8 • Eléments du bataillon d'instruction à Petrograd, ici des mitrailleurs posant avec leurs « maximes »; ce sont d'anciens modèles (1905) retirés du front. Ces jeunes recrues se mutineront en 1917, contaminées par la propagande révolutionnaire et pour beaucoup, peu désireuses d'aller au front, malgré l'air martial arboré sur la photo.

Peterbourgski

L'insigne régimentaire, adopté le 26 juin 1910 et dessiné par le sous-lieutenant S. Loutchaninov, représente une croix de Kulm (ou Croix de Fer) émaillée noire, sur laquelle broche un aigle bicéphale argent, rubans émaillés bleu ciel. Sur la poitrine de l'aigle le monogramme doré de l'Impératrice Catherine Ire, fondatrice du régiment, dans ses serres le monogramme de Nicolas II doré entouré d'une guirlande également d'or et la date de fondation du régiment « 1726 ».

1 • S. Loutchaninov, officier du régiment, porte ici le manteau à rotonde doublé de fourrure, appelé en souvenir du règne de Nicolas Ier « manteau Nicolas ». On remarque le hausse col spécial du régiment attribué en 1913, comportant la croix de Saint André et la couronne impériale, pratiquement identique au modèle 1727 en usage dans la Garde.

• Ce régiment est fondé le 6 juillet 1790 sous le nom de régiment de Grenadiers de Saint-Pétersbourg et constitué à partir des régiments d'infanterie Tenginski et Navaginski. Le Péterbourgski va changer de nombreuses fois d'appellation : pas moins de onze entre 1790 et 1914! A cela une raison : le régiment porte le nom de son Chef honoraire, qui change effectivement fréquemment :

31 octobre 1798 : régiment de grenadiers du général-major prince Galitzine II; 24 mars 1800 : ... du général-major prince Volkonski III; 3 mai 1800 : ... du général-major Safonov; 2 janvier 1801 : du général-lieutenant baron von der Osten-Sacken I; 31 mars 1801 : grenadiers Saint-Péterbourgski; 7 octobre 1814 : ... de S.M. le Roi de Prusse; 26 mai 1840 : ... du roi Frédéric-Guillaume III de Prusse; 19 mars 1857 : ... grenadiers Péterbourgski du roi Frédéric-Guillaume III.

Le 22 août 1831, le régiment est rattaché à l'infanterie lourde de la Garde, et il passe dans la Vieille Garde le 6 décembre 1894 en prenant le nom de « L.G. Saint-Péterbourgski du roi Frédéric-Guillaume III de Prusse ». Le 1er août 1914, le jour de la déclaration de guerre, il perd le nom de son Chef honoraire, maintenant souverain ennemi, et russifie son appellation en « L.G. Petrogradski ».

• En 1792, des détachements du régiment servent en Pologne, qui se distinguent à Grodno et Varsovie, puis, en 1799, à Bergen et Kastrikum.

Le régiment participe à la campagne de 1806 à Tcharnova et Pultusk; viennent ensuite les batailles d'Eylau et de Friedland en 1807, la campagne de Russie en 1812, Valoutina, Borodino et Krasnoié, Lützen, Bautzen, Dresde, Kulm et Leipzig en 1813, La Rothière, Arcis et la prise de Paris en 1814, la Pologne en 1831 et 1863, la Hongrie en 1849 et la guerre russo-turque en 1877-1878 avec Plevna, la traversée des Balkans, Tachkissen, Petricheff et Philippopol.

• Le Péterbourgski reçoit le 17 avril 1878, des drapeaux de Saint Georges avec l'inscription « Pour distinction dans la guerre russo-turque de 1877-78 » avec banderole non de Saint André, comme pour les unités de la Garde, mais d'Alexandre Nevski, sans date car il n'est à l'époque que rattaché à celle-ci.

Le 28 mai 1896, pour le 25e anniversaire de l'inscription de l'Empereur d'Allemagne Guillaume II sur les listes du régiment, il reçoit quatre banderoles spéciales, remplaçant celles remises en 1874 par Guillaume Ier.

La plaque de distinction de coiffure, attribuée le 19 août 1815 pour les guerres contre la France de 1812 à 1814, porte l'inscription lapidaire « Pour distinction ».

Les officiers reçoivent un hausse col spécial en 1913.

• La fête du régiment a lieu le 6 août, jour de la Transfiguration.

• Ancienneté : 6 juillet 1790.

• Type physique réglementaire : brun.

• L'Empereur d'Allemagne Guillaume II est Chef du régiment jusqu'à la déclaration de guerre.

• Le régiment, stationné à Varsovie, est commandé en 1914 par le général-major baron Bode.

2

2 • *Officiers du régiment portant les diverses tenues en service en 1898. A droite du prêtre, le général-major Ivan Alexandrovitch de Foullon, commandant du Peterbourgski de 1890 à 1899. Il porte l'épée d'officier d'infanterie, alors réservée aux généraux.*

3

3 • *Les quatre banderoles remises au régiment le 21 avril 1896, pour le 25ᵉ anniversaire de l'inscription sur les listes de l'Empereur Guillaume II. De couleur orange, brodées de vert, elles portent des inscriptions argent et sont ornées en bas, sur une face de l'aigle allemand, et sur l'autre face, de l'aigle russe.*
Les inscriptions en allemand sont d'un côté :
« Guillaume II, Empereur d'Allemagne et roi de Prusse »
et de l'autre :
« A son régiment de la Garde Impériale Russe Saint-Peterbourgski, du roi Frédéric Guillaume III, en souvenir de ses 25 ans de Jubilé. »
Sur les nœuds, les dates « 1812-1863 » et « 1885-1896 ».
Ces banderoles allaient avec les quatre drapeaux remis en 1878, seul celui du 1ᵉʳ bataillon étant porté sur les rangs après 1883.

4 • *Le drapeau du régiment orné des nouvelles banderoles offertes par l'Empereur Guillaume II en 1896. A côté du porte-drapeau, l'aide de camp régimentaire, reconnaissable à ses aiguillettes.*

5

5 • *Visite de l'Empereur, accompagné du tsarevitch, au camp de Krasnoié Sélo le 16 août 1909. A l'arrière plan, deux automobiles françaises de marque Delaunay-Belleville. On remarque, derrière l'Empereur, la très haute silhouette du Grand duc Nicolas, alors commandant en chef de la Garde. Notons enfin, devant la musique, la « lyre », sorte de xylophone surmonté de l'aigle, instrument typique des fanfares allemandes, mais non réglementaire dans l'armée russe.*

7

6

6 • *Officier en tenue ordinaire avec pantalon long et chaussures basses. La vareuse kaki est portée avec la casquette verte à bandeau blanc liseré de jaune.*

7 • *Une autre photographie de S. Loutchaninov en grande tenue : tunique vert foncé, plastron et parements jaunes, col vert foncé à passepoil jaune et broderies d'argent, shako (kiver) vert à bande blanche passepoilée de jaune. Galons et boutons argent. Il porte au cou la croix de Sainte Anne 2e classe avec glaives, sur la poitrine la croix de Saint Vladimir 4e classe avec glaives et, sur le bord du plastron, à gauche, Saint Stanislas 2e classe avec glaives. Enfin, sur le côté gauche de la poitrine, l'insigne régimentaire, dont il fut le créateur en 1910.*

8

8 • *L'Empereur passe le régiment en revue le 16 août 1909. A l'extrême gauche, le comte Frédéricks, ministre de la Cour. Aux côtés du souverain, le commandant du régiment, le général-major baron Bode. On note les bandeaux de casquette blancs à liserés jaunes et les passepoils blancs des poches de poitrine des officiers et de la fente de gymniastorka.*

9

9 • *Le même jour, l'Empereur et le tsarevitch, la main dans celle de son père, devant les officiers du régiment. Noter la nuance de kaki de la vareuse du souverain beaucoup plus claire que celle des autres officiers.*

10

10 • *Un officier subalterne en grande tenue en 1909. On voit nettement la broderie de col spéciale au régiment, attribuée le 1er avril 1908 ainsi qu'aux autres unités de la division, chacune ayant un motif différent. Les épaulettes portent le monogramme d'argent « F.W. III » brodé, sauf pour la 1re compagnie, où cet ornement est métallique.*

1

11 • *Cet autre officier, photographié en grande tenue en 1910, montre obligeamment ses parements, brodés suivant le même motif que le col. Le procédé photographique employé à l'époque fait apparaître en noir la couleur jaune du plastron, des parements et du col.*

Volynski

L'insigne régimentaire, adopté le 7 décembre 1911, représente la croix de l'Opoltchénié (levée en masse) dorée, rappelant sa filiation avec le régiment Findlanski, sur laquelle broche un aigle argent surmonté de la couronne impériale. Sur sa poitrine se détachent les armes de Lithuanie au-dessus de celles de Volhynie, toutes deux argent sur fond émaillé rouge.

1

1 • Visite de l'Empereur vers 1908. Après la bénédiction, l'Empereur se rend au Club des officiers, suivi du commandant du régiment.

2

2 • Au cours des manœuvres, l'Empereur, suivi de l'Impératrice en calèche attelée de chevaux blancs, passe en revue le régiment, en tenue de campagne, capote roulée en travers de la poitrine. On distingue le drapeau de Saint Georges remis le 12 décembre 1906.

• Ce régiment est mis sur pied le 7 décembre 1817, à partir d'un bataillon du Finlandski d'une part et de soldats de différents régiments de la Garde ayant en commun une origine polonaise. Incorporé dès sa création à la Vieille Garde, son ancienneté est comptée à partir du 12 décembre 1806, date de création du Finlandski.

• Le régiment participe aux campagnes suivantes : Pologne et prise de Varsovie en 1831, Hongrie en 1849, guerre russo-turque en 1877-1878, où il se distingue à Plevna, à la traversée des Balkans, à Tachkissen et à Philippopol.

• Le régiment possède depuis 1818 un drapeau de Saint Georges avec l'inscription attribuée au Finlandski, unité dont il est partiellement issu : « Pour distinction lors de la défaite et l'éviction de l'ennemi hors de la Russie en 1812 ». Pour son centenaire, en 1906, il reçoit un nouvel emblème, du modèle 1900.

Le Volynski possède également des trompettes d'argent, attribuées au régiment Finlandski le 27 avril 1814, mais transmises à sa garde le 13 octobre 1817. Elles portent l'inscription suivante : « En récompense pour la bravoure et le courage exceptionnels montrés lors de la bataille de Leipzig le 4 octobre 1813 ».

Le hausse col, attribué aux officiers en 1913, est du modèle 1808 et la plaque de distinction de coiffure, conférée le 30 septembre 1878, porte l'inscription « Pour Tachkissen le 19 décembre 1877 ».

La compagnie « de Sa Majesté » porte le monogramme impérial sur les épaulettes et les pattes d'épaule.

• La fête du régiment a lieu le 12 décembre, jour de la Saint Spiridon.

• Ancienneté : 12 décembre 1806.

• Type physique réglementaire : de petite taille et svelte, toutes couleurs de cheveux.

• Stationné à Varsovie, le régiment est commandé en 1914 par le général-major Tourbine.

3

3 • Le Club des officiers à Varsovie en 1900, installé dans un décor bucolique. Les officiers présents portent des tenues très diverses. Celui assis au premier plan et son camarade assis au centre arborent le pantalon long qui accompagne la « toujourka », veste trois-quart adoptée en 1888 : cette tenue, facultative, était destinée aux officiers et aux généraux. De couleur grise, comme le manteau, elle avait les mêmes liserés, pattes d'épaule et collet que celui-ci.
Tous les officiers réunis sur cette photo portent le couvre-casquette blanc autorisé en été, depuis 1896 pour la région militaire de Varsovie. Les couleurs de cette casquette étaient vert foncé, bandeau du fond à liserés jaunes.

4

4 • L'entrée du même Club, à la même époque. Bien que fantassins, les officiers du Volynski, on le voit, ne négligent pas l'usage de la bicyclette !

5

5 • Le lieutenant baron Constantin Ottokarovitch Tiesenhausen, photographié en 1913. Il porte la grande tenue à plastron amovible vert foncé (comme le reste de l'uniforme) passepoilé de jaune. Les broderies de col, adoptées le 1er avril 1908, ont remplacé les anciennes boutonnières. Il porte également le hausse-col donné aux officiers du régiment en 1913, et qui reprend celui du Moskovski, modèle 1808. Le lieutenant arbore sur la poitrine, de gauche à droite, la médaille commémorative de 1812 (Guerre patriotique) et celle du Tricentenaire des Romanov (1613-1913). Plus bas, de haut en bas, l'insigne du régiment, celui du jubilé régimentaire (1806-1906, créé le 11 décembre 1906) et enfin, celui de l'Ecole d'Infanterie Alexandre. Fort bel homme, « présentant bien », le lieutenant baron Tiesenhausen était souvent désigné pour représenter le régiment.

6

6 • Visite du tsar, sans doute en 1908. Officiers et soldats, tout comme les enfants du régiment, portent la nouvelle tenue kaki 1907. On remarque les liserés de poitrine des « gymastiorka », de couleur verte, d'une largeur inhabituelle. Le tsarevitch, sur les genoux de son père, n'a guère l'air d'apprécier cette cérémonie !

7 • Le général-major Stanislas Constantinovitch Abakanovitch, en uniforme du LG Volynski, dont il porte l'insigne de jubilé. Il se distingua en 1904, pendant la guerre Russo-japonaise, à la tête du 58e régiment d'infanterie Pragski.

8 • 1916 : halte dans la neige avant de monter en ligne. Les hommes portent le sac à dos style « sac de sport » introduit pendant la guerre pour tous les belligérants, actuellement encore en service dans l'Armée Rouge.

1er Tirailleurs « de Sa Majesté »

Le régiment ne possède pas d'insigne à proprement parler, mais un jeton d'or attribué aux officiers quittant l'unité après au moins dix années de service. Ce jeton se présente sous la forme d'un écu émaillé de couleur framboise surmonté d'une couronne impériale et encadré par deux cols d'officiers : noir à broderies d'or. Brochant sur l'écu, une banderole porte l'inscription figurant sur l'insigne de coiffure, à laquelle est ajoutée, au-dessous, la date « 27.III.1856 ». Ce jeton peut être ouvert pour y graver le nom de son propriétaire.

1 • 1914 : la Garde part en campagne. Le drapeau est ici entouré de sa garde, appartenant à la 1re compagnie. A gauche, le père Ambroise, aumônier du régiment. Les régiments russes, jusqu'en 1917, emporteront leurs emblèmes au combat. On remarque le sac au côté du porte-drapeau, du modèle de la Ligne et non le sac à dos de la Garde.

• Cette unité est formée le 27 mars 1856 à partir d'éléments des différentes compagnies de tirailleurs des régiments de la 1re division de la Garde et est aussitôt incorporée à la Vieille Garde. Elle prend le 25 décembre 1857 le nom de Bataillon des Tirailleurs de la Garde « de Sa Majesté » et, le 20 août 1871, celui de 1er Bataillon de Tirailleurs de la Garde « de Sa Majesté ». Le bataillon devient régiment le 16 mai 1910 et change son nom en conséquence.

• Le bataillon participe en 1863 à la répression de la révolte polonaise et, en 1877-1878, à la guerre russo-turque, prenant part aux batailles de Telitch, de Gornyi-Dubniak, de Pravets, de Tachkissen, à la traversée des Balkans, la prise de Sofia et au combat de Philippopol.

• Il reçoit le 16 août 1856 un drapeau de Saint Georges portant l'inscription « En souvenir des exploits de la Garde russe », rappelant qu'il est composé d'éléments de divers régiments de cette Garde.

Une plaque de distinction de coiffure lui est accordée le 6 janvier 1879 avec l'inscription : « Pour Pravets les 10 et 11 novembre, et Philippopol les 3, 4 et 5 janvier 1878 ». Cet insigne sera attribué au 2e bataillon en 1911, lors de la transformation de l'unité en régiment.

• La fête du régiment a lieu le 17 avril, jour des Saints Zosime et Sabbati, thaumaturges des Solovki.

• Type physique réglementaire : blond.

• L'Empereur est Chef du régiment, qui compte en outre les Grands ducs Wladimir Alexandrovitch, Georges et Pierre Georgievitch de Mecklembourg, et, inscrit le 30 juillet 1904, le tsarevitch Alexis.

• Stationné à Tsarskoie-Selo, le régiment est commandé en 1914 par la général-major P.T. Nikolaiev.

2

2 • *17 avril 1903, jour de la fête du 1er bataillon à Tsarskoïé-Sélo. Le clergé bénit l'unité. Derrière l'Empereur, on aperçoit successivement et de droite à gauche, le général-lieutenant Nicolas Dmitrievitch Skariatine, commandant la brigade de tirailleurs de la Garde (et inscrit sur les listes du 2e bataillon), le général-major prince Nicolas Andreievitch Troubetzkoï, commandant du bataillon.*

3

3 • *A l'issue de la cérémonie du 17 avril, le prince Troubetzkoï, commandant du bataillon, pose au milieu de ses officiers, à côté des clairons des Tirailleurs, qui ne possèdent en effet, ni fifres, ni tambours. A l'arrière plan, le Palais Catherine. On remarque parmi les officiers de tirailleurs, la présence de l'un de leurs camarades des Lanciers portant la shapka caractéristique. Il s'agit vraisemblablement d'un membre de la Famille Impériale ou d'une personnalité inscrite sur les listes du bataillon, et qui d'après le réglement, peut continuer à défiler avec son unité d'origine dans l'uniforme de celle dans laquelle il est alors en service.*

4

4 • *Le 2 mai 1903, parade de mai sur le Champ de Mars. Le bataillon défile devant l'Empereur, précédé de son drapeau, porté par le sergent-chef Sofronov, et aux accents de sa musique, que l'on aperçoit sur la droite de cette photographie. Les bataillons de tirailleurs ont une fanfare composée exclusivement d'instruments à vent. A l'arrière plan l'église expiatoire de la Résurrection, bâtie entre 1883 et 1907 à l'endroit ou fut assassiné Alexandre II et, à droite, les casernes du régiment Pavlovski.*

5 • Le 17 avril 1909 « moleben » à l'occasion de la fête du 1er et du 2e Tirailleurs à Tsarskoié Sélo. Debout, tête nue, face à l'autel, l'Empereur Nicolas II, en uniforme du 1er bataillon dont il est le Chef, le Grand duc Dimitri Pavlovitch étant celui du 2e.

6 • Visite du tsarevitch Alexis au 1er Tirailleurs, dont il fait désormais partie, et alors sous le commandement du général major P.T. Nikolaiev. Les hommes appartiennent ici à la 1re compagnie dite « de Sa Majesté » et portent donc sur leurs pattes d'épaules le monogramme de Nicolas II. Leur capote est du nouveau modèle adopté en 1911. Remarquez l'impressionnante série de prix de tir du sous-officier debout à côté du prince héritier.

6

7 • L'Empereur s'intéressait sincèrement au sort de ses soldats, et pas seulement, comme on l'a trop souvent écrit, de manière abstraite ou distante.
Le 24 novembre 1909, lors d'un séjour de la Famille Impériale à Livadia, en Crimée, il revêtit l'uniforme et l'équipement de campagne complet (c'est-à-dire le paquetage, le fusil, 120 cartouches, la pelle de tranchée et la capote) du sous-officier Kretov, détaché du 16ᵉ Tirailleurs au régiment combiné d'Infanterie de la Garde. Ainsi équipé, le souverain parcourut plus de 10 verstes en deux heures (1 verste = 1 kilomètre 67).
Les 18 et 24 novembre suivants, il recommença l'expérience avec l'uniforme et l'équipement du sous-officier Tchernov, du 1ᵉʳ Tirailleurs de la Garde. Les deux sous-officiers reçurent chacun un « demi-impérial » (7 roubles et demie en or).
On ignore quels enseignements l'Empereur tira de ces expériences. Mais, en 1914, la Garde utilisera non son paquetage mais celui de la Ligne, dont le sac à dos et le port de la toile de tente et de ses piquets étaient différents. Peut-être cette décision fut elle dictée par la marche faite par Nicolas II à Livadia en hiver 1909... ?

8 • Guerre de 1914 : le régiment remonte en ligne. A l'arrière-plan, l'un des fameux trains sanitaires placés sous les auspices de la Croix-Rouge ou d'organisations bénévoles comportant, outre des wagons proprement médicaux, des bains-étuves si chers aux Russes !

2e Tirailleurs « de Tsarskoié-Sélo »

Le régiment ne possède pas d'insigne, mais un jeton représentant une étoile de Saint André en argent, sur laquelle broche un médaillon émaillé framboise orné du monogramme cyrillique « D » (pour le Grand duc Dimitri Pavlovitch; auparavant : « S » pour Serge Alexandrovitch). Sur un ruban émaillé noir entourant le monogramme, l'inscription argent : « L.G. 2e bataillon de Tirailleurs, 27 mars 1856 ». De même, au bas du jeton, un ruban argent porte l'inscription : « Pour Arab-Konak le 21 novembre 1877 ».

1 • Le 17 avril 1906, jour de la fête du 1er et du 2e Tirailleurs, fut également célébré le bi-centenaire de la 1re brigade de Tirailleurs (officiellement le 27 mars). Les deux unités sont alignées à l'arrière-plan de leurs drapeaux, ou plutôt de ce qu'il en reste... L'Empereur, à droite, rend leur salut aux deux aides de camp régimentaires, à gauche le capitaine Taube (1er Tirailleurs), et, devant lui, le capitaine Stessel (2e Tirailleurs). Ce jour-là, le commandant du 1er Tirailleurs, le général-major v Rosenschild-Paulyn, sera nommé à la Suite, et celui du 2e, le colonel Delsale, Flügel-adjudant.

• Le 2e bataillon de tirailleurs de la Garde est mis sur pied le 27 mars 1856, à partir des compagnies de tirailleurs des régiments de la 2e division d'infanterie de la Garde, et reçoit les privilèges de la Vieille garde. En un peu plus d'un demi-siècle, il va changer trois fois d'appellation : le 25 décembre 1857, il devient le « L.G. bataillon de Tirailleurs de Tsarskoié-Sélo », puis le 20 août 1870, prend le nom de « L.G. 2e bataillon de Tirailleurs » avant de, le 16 mai 1910, redevenir définitivement « L.G. 2e régiment de Tirailleurs de Tsarskoié-Sélo ».

• En 1863, il participe à la répression de la révolte polonaise et se distingue en 1877-1878, au cours de la guerre russo-turque, en prenant part aux batailles de Gornyi-Dubniak, Dolnyi-Dubniak, Pravets, Tachkisen, Vrajdebno, Arab-Konak, Kadiboy, Aïrauli et à la prise de Sofia.

• Il reçoit le 17 avril 1878, une plaque de distinction de coiffure portant l'inscription « Pour Arab-Konak le 21 novembre 1877 ». Lorsqu'en 1911, le bataillon devient régiment, cet insigne est attribué au 2e bataillon par le décret n° 303.
Le 16 août 1856, cinq mois à peine après sa fondation, l'unité reçoit un drapeau de Saint Georges avec l'inscription « En souvenir des exploits de la Garde russe », rappelant que le nouveau bataillon est composé d'hommes venant de la 2e division d'Infanterie de la garde.

• La fête de l'unité a lieu le 17 avril. Exception à cette règle, l'année 1905, où, la date prévue se situant au cours de la Semaine Sainte, la fête fut célébrée le 21 avril, et ce jour-là, le Grand duc Dmitri Pavlovitch, particulièrement estimé de Nicolas II, fut nommé Chef du bataillon.

L'Empereur est inscrit sur les listes depuis le 27 avril 1909.

• Ancienneté : 27 mars 1856.

• Type physique réglementaire : brun.

• En 1914, le régiment, stationné à Tsarskoié-Sélo, est commandé par le général-major Pfeiffer, qui sera décoré de l'ordre de Saint Georges 4e classe à l'occasion du combat du 26 août 1914, pour l'élan qu'il sut donner à son régiment afin de conquérir les positions autrichiennes. Il fut, ce jour-là, mortellement blessé. Le Grand duc Dmitri Pavlovitch, Chef du régiment, fit aussi partie des nombreux officiers de celui-ci décoré de la croix de Saint Georges (il sert alors aux Gardes à cheval). Il fit partie des conjurés qui, sous la direction de Félix Youssoupof, assassinèrent Raspoutine dans la nuit du 17 décembre 1916.

2 

2 • 21 avril 1905 : fête du bataillon. L'Empereur pose au milieu des officiers. A sa gauche, le Grand duc Nicolas et le général-major Serge Ivanovitch Koutiepov, commandant du bataillon depuis 1901. A droite de Nicolas II, le jeune Grand duc Dmitri Pavlovitch, alors âgé de 14 ans, qui vient d'être nommé chef du bataillon en remplacement de son oncle le Grand duc Serge Alexandrovitch, qui l'avait élevé, assassiné par les révolutionnaires le 4 février 1905. A sa droite, le général-aide de camp Prince Serge Illarionovitch Wasiltchikov, commandant du Corps de la Garde.

3 

3 • La garde du 2e tirailleurs à Tsarskoie-Selo, devant le palais Catherine dû à l'italien Rastrelli et au russe Neiolo, et dont la vaste cour d'honneur convient parfaitement aux revues et parades. A gauche près du clairon (les tirailleurs n'ont ni fifres ni tambours) le capitaine F.V. von Krouze et le sous-lieutenant Prokofiev.

4 • *Le bataillon défile le 17 avril 1908. Le Grand duc Dmitri, est au centre de la photo, marqué d'une croix. Outre l'état du drapeau, réduit à quelques lambaux d'étoffe, on remarque que si les officiers portent déjà la nouvelle tenue croisée à plastron framboise, adoptée en 1907, la troupe porte encore, par contre, l'ancien uniforme. Le bonnet de fourrure ne sera supprimé que quelques mois plus tard, fin juillet 1908.*

4

5

6

5 • *1906. Le jeune chef du 2ᵉ bataillon, devant le Palais Catherine, en compagnie, de gauche à droite, du Grand duc Serge Mikhailovitch, inspecteur général de l'artillerie, du prince Pierre Alexandrovitch d'Oldenbourg, et du Grand duc Michel Alexandrovitch, frère de l'Empereur, ces deux derniers en uniforme du 4ᵉ Tirailleurs « de la Famille Impériale », reconnaissable à son bonnet à coiffe carrée caractéristique. L'année 1906 marquait le cinquantenaire de la 1ʳᵉ brigade de Tirailleurs, qui fut célébré le jour même de la fête du bataillon, le 17 avril.*

6 • *Lors des manœuvres d'été 1909, le Grand duc, âgé de 18 ans, sert au bataillon. Il s'entraîne ici au tir au « Nagant », modèle 1895, sous l'œil attentif de son chef de compagnie, le capitaine P.V. Panpouchko, décoré de la croix de Saint Vladimir 4ᵉ classe.*

7 • Le Grand duc Dmitri Pavlovitch en grande tenue en 1910. On distingue nettement les broderies de col argent attribuées au régiment en 1907. Sur le shako, le plumet noir de grande tenue propre aux Tirailleurs. On remarque enfin que le cordon à raquettes passe non seulement derrière, mais aussi devant la coiffure, privilège réservé aux généraux, chefs honoraires et commandants d'unité, ce qui est ici le cas du Grand duc.

9 • Le Grand duc Dmitri Pavlovitch en 1909. Il porte la nouvelle tenue kaki 1907 et la shashka modèle 1909. Formé par son instructeur, l'adjudant Moiseï Ptchelkin, tombé glorieusement au combat le 26 août 1914, lors de l'assaut contre les Autrichiens, le Grand duc deviendra un officier accompli.

8 • 9 mai 1910. Le bataillon, qui deviendra régiment le 16 de ce mois, a touché les nouveaux shakos « kiver », attribués le 24 mars. Les officiers le portent ici en tenue ordinaire, avec pompon, mais sans les cordons. Assis au 2e rang, 5e en partant de la gauche, le général Pierre Alexeievitch Delsale, ancien élève du Corps des Pages, commandant alors le régiment. Il sera nommé en 1914 général-lieutenant de la Suite Impériale et chef de la 1re brigade de Tirailleurs de la Garde, à la tête de laquelle il gagnera la croix de Saint Georges.

8

3e Tirailleurs « de Sa Majesté »

L'insigne régimentaire, adopté le 15 mars 1910, représente une croix de Saint Georges en argent, sur laquelle broche un aigle bicéphale en argent oxidé, couronné d'or, et portant sur la poitrine un écu émaillé rouge à croix de Malte blanche. Au-dessus, le monogramme doré de l'Empereur et, en bas, une banderole dorée portant la date « 1799 », année de fondation de l'unité.

1 

1. • Portrait de l'Empereur en tenue de son 3e Tirailleurs (1911).

• Cette unité est fondée le 29 juin 1799 à partir du bataillon de garnison de la Garde, regroupant les soldats de la garde inaptes au service en campagne. Le 6 mai 1873, il devient le bataillon cadre du L.G. régiment d'infanterie de réserve et, le 8 septembre 1877, régiment d'infanterie de réserve de la Garde. Le 15 septembre 1878, il reprend sa première appellation, pour retrouver la seconde le 11 mars 1894.

Le 26 juillet 1902, il prend le nom de « régiment de Tirailleurs de la Garde », transformé le 16 mai 1910 en « 3e régiment de Tirailleurs de la Garde de Sa Majesté ».

• En 1899, le régiment d'infanterie de réserve de la Garde reçoit un drapeau de Saint Georges avec l'icône de Saint Nicolas le Thaumaturge et l'inscription « En souvenir des exploits de la Garde russe en 1812, 1813 et 1814 ».

La 1re compagnie « de Sa Majesté » porte le monogramme impérial argent sur les pattes d'épaule et les épaulettes.

• La fête du régiment a lieu le 6 décembre, jour de Saint Nicolas le Thaumaturge.

• Ancienneté : 29 juin 1799.

• Il n'y a pas de type physique réglementaire.

• Stationné à Saint-Pétersbourg, le régiment est commandé en 1914 par le général-major Oussov.

2 • Le capitaine P.M. Ivanov, du bataillon cadre du régiment de réserve de la Garde, futur 3e Tirailleurs. Le galonnage et les épaulettes sont argent et, en 1908, l'unité recevra une broderie spécifique pour le col et les parements.

3 • Le général-major Adrian Wladimirovitch Oussov, breveté d'état-major, et commandant le régiment au début de la guerre. Pour son courage personnel et l'allant qu'il sut donner à ses hommes, en août 1914, il reçoit un sabre de Saint-Georges. Fait plus rare, il est décoré de la croix de Saint Georges de 4ᵉ classe pour la protection fournie par le régiment aux autres unités en retraite, en septembre 1914, brisant l'encerclement de l'ennemi à la baïonnette.

4 • Le général-major Iosif Wladimirovitch Semenov, décoré de la croix de Saint Georges de 4ᵉ classe pour sa conduite à la tête du 134ᵉ R.I. en 1915. Il prend le commandement du régiment le 20 août 1916 (dans lequel il a déjà servi comme jeune officier entre 1890 et 1910). Il aura la dure tache de reformer l'unité sévèrement éprouvée dans les combats du Stokhod, où elle a perdu 35 % de ses effectifs. Des officiers (3) du L.G. Dragons viendront d'ailleurs compléter son cadre d'officiers. Dès septembre le régiment se distingue dans les durs combats au sud de Chelvov, notamment au « bois carré ».

3e bataillon finnois de Tirailleurs

Le bataillon ne possède pas d'insigne, mais un jeton représentant l'aigle de Saint Georges figurant sur la hampe du drapeau, argent avec une croix de Saint Georges d'officier, blanche à centre rouge. Sur la poitrine de l'aigle : le lion de Finlande.

1 • La musique du bataillon à l'époque de l'avènement de Nicolas II. Les musiciens sont presque tous décorés de la médaille du Couronnement et, sur leurs pattes d'épaule, on distingue encore le monogramme d'Alexandre III, chef de l'unité de son vivant.

• En 1809, à la suite de l'annexion de la Finlande par l'Empire russe, le Tsar Alexandre Ier, qui a su mesurer la valeur de ces adversaires courageux, endurants, et généralement excellents tireurs, décide de constituer des unités composées de Finlandais.

Le 7 mars 1818, le bataillon d'instruction dit d'Helsingfors (ancien nom suédois d'Helsinki), est mis sur pied à partir d'éléments, cadres et troupe, venant des 1er et 3e régiments finnois. Le 22 février 1826, cette unité devient le Bataillon d'instruction finnois des Tirailleurs, et, trois ans plus tard, le 16 juillet 1829, ce dernier passe à la Jeune Garde avec le nom de 3e Bataillon Finnois de Tirailleurs de la Garde.

• Cette unité d'élite comptera toujours — tradition oblige — les meilleurs tireurs de l'armée russe. Elle participe aux campagnes suivantes : Pologne en 1831, Hongrie en 1849 et se distingue particulièrement en 1877-1878 contre la Turquie, notamment à Gornyi-Dubniak, Dolniy-Dubniak, Pravets, Tachkissen, Vrajdebno et à la prise de Sofia et Kadikoï. En récompense de ses exploits, elle passe à la Vieille Garde le 17 avril 1878. Malgré ses actions d'éclat, le bataillon est dissous le 21 novembre 1905. Son dernier commandant fut le colonel Nicolas Mexmontan.

• Le bataillon reçut un drapeau de Saint Georges, attribué le 6 décembre 1831, mais remis réellement le 6 décembre 1833. Ce drapeau comprenait ue croix jaune cantonnée de coins bleu-clair, couleur traditionnelle des unités finlandaises, et l'inscription « Pour distinction lors de la pacification en Pologne en 1831 ». Sur deux des coins figurait le monogramme de Nicolas Ier et sur les deux autres, le lion aux sabres entouré de sept étoiles, emblème héraldique de la Finlande. Ce lion figurait aussi sur la poitrine de l'aigle impérial russe, au lieu du Saint Georges traditionnel, tant sur le drapeau, que sur les boutons, et en général toute pièce d'uniforme ou d'équipement sur lequel l'aigle apparaissait.

• La fête du bataillon a lieu le 6 septembre. Rappelons que la majorité du bataillon est de confession protestante et possède un pasteur.

• Ancienneté : 7 mars 1818.

2 

2 • Les casernes du bataillon, au centre d'Helsingfors, dont l'architecture est typique du style néo-classique russe. Ces bâtiments, pratiquement inchangés, existent encore aujourd'hui à Helsinki.

3 • Issu d'une famille traditionnellement militaire, le général K.F. de Pont porte sur sa poitrine les insignes de la Suite sous Alexandre II et Alexandre III. Jeune officier, K.F. de Pont s'était particulièrement distingué au cours de la guerre russo-turque en 1877-1878.

3 

4 

4 • Moment de détente après le service pour le musicien Molin et le tirailleur Lönnberg... Nous sommes en 1900, et la bière rappelle que ces deux soldats sont finnois et non russes !

5 • Cette photographie du sergent Juho Taiminen permet de détailler la chaînette et la clé accrochées aux fusils croisés en argent symbolisant la remise d'une montre pour un prix de tir militaire. Cette récompense était distincte de celle du tireur d'élite, dont l'insigne représente comme on le voit également, deux fusils croisés sur une cible (trois classes).

6

6 • Le tirailleur Grönstrand, servant, comme l'indique le monogramme métallique des pattes d'épaule, dans la compagnie de Sa Majesté. Ce monogramme fut adopté le 16 décembre 1897 pour remplacer celui d'Alexandre III, mort déjà depuis trois ans. Les passepoils sont ici bleu clair et les « litzen » de col orange à liseré central rouge, caractéristique de la Vieille Garde (ce liseré était blanc dans la Jeune Garde).

6 • L'adjudant-chef faisant fonction de Feldwebel Janne Jernwall en 1894. Sur ses pattes d'épaule se détache nettement le monogramme d'Alexandre III indiquant son appartenance à la 1re compagnie. Il est en outre porteur de nombreuses distinctions et décorations. Au cou, tout d'abord, il porte la grande médaille « Pour le zèle » au profil de Nicolas II ; deux autres médailles « Pour le zèle », lui ont été attribuées par Alexandre III, comme on le voit sur le côté droit de son uniforme, l'une en or, l'autre en argent. Juste au-dessus plusieurs prix de tir représentés par des fusils croisés. A côté l'insigne de tireur d'élite de 2e classe. Sa brochette de décorations comprend, de droite à gauche : la croix du Danube (roumaine) remise aux Russes pour la guerre contre la Turquie en 1877-1878, quatre médailles difficilement identifiables, la médaille de Sainte Anne pour soldat, avec croix rouge émaillée, puis deux croix de Saint Georges, 3e et 4e classe. Notre homme porte enfin, sur le côté gauche de la poitrine l'insigne au monogramme d'Alexandre III créé en 1894 et destiné à tous ceux servant dans une compagnie, un escadron ou une batterie dont le souverain était chef.

8

8 • Le médecin-colonel Carl Ferdinand von Wahlberg (qui sera général en 1900) et son fils, engagé volontaire au 3ᵉ bataillon. On note l'uniforme particulier du corps médical militaire, avec la tournante métallique « en croissant » des épaulettes argentées. Sur la poitrine, l'insigne de l'Académie de Médecine militaire. La cocarde ronde du bandeau de casquette est propre aux fonctionnaires.

9

9 • Le musicien Johansson. Outre l'extrême sobriété de l'uniforme adopté sous Alexandre III, remarquer le ceinturon de cuir noir, commun à tous les tirailleurs. Le glaive, plus décoratif qu'utile, est directement inspiré du modèle français.

10

10 • Le capitaine en second Maximilien Späre, aide de camp du bataillon. Ses aiguilettes de fonction sont argent et non dorées comme pour les autres bataillons de tirailleurs finnois de l'armée.

11 • *La compagnie de Sa Majesté vers 1900.*

12 • *Quelques vétérans du bataillon, arborant les médailles et récompenses diverses reçues pour la guerre russo-turque de 1877-1878. Assis au premier rang, de gauche à droite : J. Jernwall, l'adjudant Grönquist, le podpraporchtitchik (adjudant-chef) faisant fonction de Feldwebel x..., qui porte le sabre d'officier modèle 1881, mais sans dragonne. Tous ont revêtu le vice-moundir.*

13

13 • La musique du bataillon au complet (49 musiciens). Au premier plan, le chef de musique, dans son uniforme particulier, ne comprenant pas de plaque de la Garde sur son bonnet. Il est entouré à gauche par le colonel Mexmontan commandant le bataillon, et à droite par l'aide de camp du bataillon, reconnaissable à ses aiguillettes, le capitaine en second Späre.

14

14 • Si Helsingfors n'est pas Saint-Pétersbourg, la vie mondaine n'en est pas moins active, comme le prouve cette photographie prise au mess des officiers. Si les hommes d'un âge respectable semblent nombreux, le jeune officier du premier plan représente dignement sa génération et la jolie jeune femme à droite ne serait pas déplacée à notre époque.

4e Tirailleurs « de la Famille Impériale »

Il n'existe pas d'insigne régimentaire propre, la croix de l'Opoltchénié dorée portée sur la casquette en tenant lieu (ici cocarde d'officier).

1 • Un des plus beaux portraits de l'Empereur, en uniforme de son cher 4e Tirailleurs. On voit nettement le détail du monogramme de la patte d'épaule, combinant les chiffres d'Alexandre II et d'Alexandre III. Pour toute décoration, Nicolas II porte la croix de Saint Wladimir 4e classe.

L'attention particulière que l'Empereur pouvait porter à tel ou tel régiment de sa Garde était naturellement recherchée par ces unités glorieuses. Mais le souverain lui-même aurait certainement été bien embarrassé si on lui avait demandé de préciser auquel allait sa préférence. Il est cependant indéniable que le 4e Tirailleurs de la Garde, dit « de la Famille Impériale », était l'un de ceux au sein duquel Nicolas II se sentait le plus à l'aise, et nombreuses sont les dernières photos du monarque déchu le représentant portant la casquette à cocarde spécifique de cette unité.

• Créé durant la guerre de Crimée, le 25 octobre 1854, avec des paysans des apanages impériaux venant des régions de Novgorod, Arkhangelogorod et Vologda, ce régiment prend aussitôt le nom de « Régiment de Tirailleurs de la Famille Impériale », et est doté d'un uniforme spécifique « à la russe », comprenant notamment un bonnet de fourrure sur lequel se détache la croix de l'Opoltchénié (Levée en masse) avec la devise « Pour la foi et le tsar ». La guerre de Crimée achevée, il devient, le 1er octobre 1856, « L.G. bataillon de Tirailleurs de la Famille Impériale » et reçoit les privilèges de la Jeune Garde. Ses effectifs sont alors complétés par des hommes venant d'unités régulières : corps des Grenadiers, 1re division de réserve, 1re et 2e divisions de seconde réserve et bataillons finlandais. Le 30 août 1884, il est incorporé à la Vieille Garde et, le 16 mai 1910, il prend l'appellation définitive de « 4e régiment de Tirailleurs de la Famille Impériale », composé de deux bataillons.

• Il prend part en 1863 à la campagne de Pologne et se distingue en 1877-1878 durant la guerre russo-turque, notamment à Gornyi-Dubniak et à la prise de Sofia.

• Il reçoit le 17 avril 1878 un drapeau de Saint Georges, décision signifiée le 25 mai par Alexandre II lui-même lors d'une cérémonie au Palais d'Hiver; l'emblème est remis à Tsarskoié-Sélo le 29 novembre de la même année. Inscription : « Pour distinction lors de la guerre contre la Turquie en 1877 et 1878 ».

• La fête du régiment a lieu le 6 décembre, jour de Saint Nicolas le Thaumaturge.

• Ancienneté : 25 octobre 1854.

• Type physique réglementaire : nez court et sourcils épais et se rejoignant.

• L'aspect inhabituel de l'uniforme mérite quelque attention. Il subit au cours de son histoire quelques changements, mais conserve toujours cette coupe « à la russe », avec pantalons bouffants et surtout une coiffure d'astrakhan qui rappelle la « konfederatka » polonaise, avec en outre, la croix de l'Opoltchénié brochant sur la cocarde.

En 1881, l'habit à brandebourgs porté sous Alexandre II est supprimé et remplacé par un habit croisé, de coupe sobre, fermé par des crochets. En 1906, Nicolas II redonne à l'unité un uniforme assez semblable à celui de l'origine : demi-caftan « à la russe », sans col, porté sur une chemise russe framboise, couleur distinctive des unités de tirailleurs. Cette chemise, portée seule en été, est en soie pour les officiers et en drap pour la troupe.

Le galonnage du demi-caftan passe autour du cou et descend jusqu'à la ceinture puis, à partir du 20 mai 1908, le règlement le fait descendre jusqu'au bas de l'habit. Le galon des officiers, tout comme celui du baudrier et des pattes d'épaule, est en « zig-zag », comme pour les Hussards. En tenue ordinaire, les officiers portent une écharpe de soie framboise, les soldats une écharpe de même couleur en drap.

Quand ils portent la chemise seule, les officiers ont alors un cordon à glands, dont la couleur varie selon la compagnie : framboise, bleu-clair, blanc ou vert.

Outre le bonnet de fourrure, le règlement du 19 avril 1907 attribue aux officiers une casquette d'été kaki et, le 25 juin suivant, il est décidé que la cocarde spécifique sera également portée sur la casquette.

Enfin, dernier détail vestimentaire, les revers de bottes des officiers sont de cuir framboise, celles de la troupe n'ayant qu'un simple passepoil de cette couleur. La 1re compagnie porte le monogramme impérial sur les pattes d'épaule et les épaulettes.

• Le régiment a pour Chef l'Empereur. Trois autres compagnies, distinction exceptionnelle, ont également pour chef des Grands ducs : la 2e le Grand duc Constantin Constantinovitch, le 3e le Grand duc Nicolas Nicolaevitch, futur généralissime en 1914 et la 4e le Grand duc Nicolas Mikhailovitch.

Le Tsarevitch Alexis est inscrit sur les listes de l'unité à sa naissance ; y figurent également le prince Pierre Alexandrovitch d'Oldenbourg et le duc Alexandre Georgievitch de Leuchtenberg.

• Stationné à Tsarskoié-Sélo, le régiment est commandé en 1914 par le général-major de la Suite Constantin Alexandrovitch Holthoer.

2

2 • Le tsarevitch en tenue du 4e Tirailleurs, la poitrine barrée du ruban de l'Ordre de Saint André et du grand collier de cet ordre. L'héritier du trône est accompagné de ses quatre sœurs portant, elles, l'Ordre de Saint Catherine, réservé aux femmes. De gauche à droite : Maria, Tatiana, Anastasia et Olga (1910).

3

3 • *Le colonel Constantin von Weiss, ancien élève du Corps des Pages. Alors capitaine, il se distingue au début de la guerre près d'Opatov et est décoré de la croix de Saint Georges 4e classe qu'il porte ici avec les ordres de Saint Wladimir (2e classe), Sainte Anne (2e classe) et de Saint Stanislas (2e classe) ainsi que deux médailles, sans doute celles du Tricentenaire des Romanov et du règne d'Alexandre III. On distingue par ailleurs la bordure de ses bottes, avec motif à croisillons et de couleur framboise.*

4 • *Visite de l'Empereur à Paris le 24 septembre (style russe) 1896. Sortie de la messe à la cathédrale Alexandre Nevski, rue Daru. L'Empereur est au centre, en uniforme du 4e Tirailleurs entouré du Prince V. Dolgorouki, du comte Vorontzov-Dachkov, du général de Boisdeffre, du comte Orlov-Davydov, du prince Obolenski, du médecin privé Hirsch, du baron de Morenheim, du prince Dolgorouki, du général Richter, du prince Orlov.*

5

5 • *Le mess des officiers. Les murs sont ornés de nombreux portraits : ceux des membres de la Famille Impériale ayant servi au régiment et ceux des chefs de l'unité. Afin de rappeler l'origine « paysanne » de celle-ci, de nombreux ustensiles de style « rustique » propres à cette unité apparaissent sur la table.*

4

6

7

6 • *Cette photo d'un groupe d'officiers montre quelques détails intéressants. Elle doit dater de la seconde moitié de 1908 car, si la plupart des officiers ont fait rajouter le galon le long des bords de l'habit et jusqu'en bas de celui-ci, ainsi que le prescrit le nouveau règlement, les deux officiers du premier rang (avec aiguillettes), portent encore l'uniforme ancien. Presque tous arborent l'insigne du prestigieux Corps des Pages, une croix de Malte émaillée blanche.*

7 • *Cette photographie du lieutenant Knut Frederik Grönquist, un Finlandais à la moustache artistiquement entretenue, permet de bien voir la cocarde spécifique du régiment, sur laquelle est rapportée la croix de l'Opoltchénié. On remarque également la coiffe de tissus vert, de forme carrée, contrairement à la forme ronde du modèle normal pour les autres unités.*

8

9

8 • *Prestation de serment devant le drapeau, réduit à quelques lambeaux d'étoffe. Du modèle de Saint Georges, remis en 1878, il représentait une croix jaune à coins framboises, dont deux frappés de la croix de l'Opoltchénié.*

9 • *Bonne humeur de rigueur en dehors du service, ici en cours de manœuvres. Un aide de camp du 4e Tirailleurs, le lieutenant Davidov pose en compagnie d'officiers des Hussards de l'Empereur. Il est en tenue ordinaire et porte l'écharpe framboise et non argent. De gauche à droite : X..., Davidov, Volkov, Kaufmann, D. Gagarine, I. Svetchine.*

Régiment combiné d'infanterie de l'Empereur

L'insigne régimentaire créé le 3 juillet 1882 représente un bouclier sommé de la couronne impériale et frappé de l'étoile de Saint-André, entouré d'un ruban avec l'inscription « Compagnie combinée de la Garde ». Par la suite, cette inscription changera avec la composition de l'unité : en 1883 « Bataillon combiné de la Garde », en 1907 : « Régiment spécial d'Infanterie combiné de Sa Majesté Impériale ».
Doré pour les officiers et argent pour la troupe, l'insigne était payé par le Cabinet de l'Empereur et représentait un brevet de bonne conduite. Porté quelle que soit la tenue, il était remis à la troupe après au moins six mois de service au régiment et était mentionné dans les états de service officiels.

1

1 • Parade au nouveau palais de Livadia le 6 décembre 1913. L'empereur est en uniforme de l'Equipage de la Garde. Il serre la main du général prince Troubetzkoï aux côtés duquel s'alignent successivement un officier du régiment Pétersbourgski et un autre du 3e Tirailleurs, un marin de la Garde, quatre Tirailleurs du 4e bataillon « de la Famille Impériale », un soldat de la Ligne, un sous-officier du 4e Tirailleurs.

2

3

2-3 • Le drapeau remis le 23 mars 1908, étoffe rouge, broderies or Sainte Face et monogramme Impérial.

• Dès l'annonce de la nouvelle de l'attentat qui, le 1er mars 1881, coûta la vie à l'Empereur Alexandre II, le commandant du régiment Préobrajenski prend l'initiative d'envoyer au palais Anitchkov, résidence du Tsarevitch (futur Alexandre III), le premier bataillon de son unité. Celui-ci assure la garde de l'héritier du trône durant vingt jours et, quelques jours plus tard, est prise la décision de créer un détachement spécialement affecté à la garde de la Famille Impériale.

Il ne s'agit à l'origine que d'une simple compagnie, fondée le 23 mars 1881, composée à partir d'éléments provenant des 1re et 2e divisions d'Infanterie de la Garde, des bataillons de Tirailleurs de la Garde, des cadres du régiment d'Infanterie de réserve de la Garde, enfin des Sapeurs et de l'Equipage de la Garde. Le 7 octobre 1883 y seront adjoints des hommes de la 3e division d'Infanterie de cette même Garde.

Le 17 novembre 1883, la compagnie devient bataillon, auquel sont désormais incorporés des soldats appartenant aux régiments d'Infanterie de ligne dont l'Empereur est Chef honoraire. Enfin, le 17 août 1907, le bataillon devient régiment à deux bataillons de quatre compagnies. L'unité nouvelle accueille en outre des hommes représentant tous les régiments de ligne. Ainsi, l'Empereur a la possibilité de rencontrer quotidiennement des hommes de toute son armée, et pas seulement de la Garde, ce qui lui fit dire :

« D'après les représentants que j'ai constamment sous les yeux, je me fais une idée de l'état des corps de troupe dont ils font partie. »

Ainsi se crée un lien nouveau entre l'armée et son Chef suprême.

• Le régiment combiné reçoit son drapeau le 23 mars 1908. Il s'agit du modèle ordinaire avec la représentation de la Sainte Face et une pique du type normal de l'Armée. La veille de la remise de l'emblème a lieu au Palais Alexandre la cérémonie suivante : l'Empereur, en présence des Grands ducs, de l'Impératrice, du Tsarevitch en uniforme du 4e tirailleurs, après s'être signé, plante le premier clou fixant l'étoffe à la hampe. Puis l'Impératrice, le Tsarevitch, les officiers supérieurs, subalternes et enfin les gradés représentant les compagnies, plantent chacun un clou. Le lendemain, 23 mars, jour de la fête du régiment, une parade a lieu au grand manège de Tsarskoié-Sélo, le drapeau est béni et remis solennellement en présence d'une nombreuse assistance et de la musique du régiment Préobrajenski.

Ce régiment n'avait aucune filiation avec le régiment combiné créé le 27 février 1826 après le soulèvement des Décembristes, à partir du 2e bataillon du régiment Moskovski de la Garde et du 2e bataillon du régiment Grenadierski de cette même Garde, également compromis dans cette affaire. Cette unité se distinguera au cours de la guerre contre la Perse en 1828, notamment à la prise d'Erivan, puis sera dissoute au cours de la même année.

• La fête du régiment a lieu le 23 mars.

• Ancienneté : 23 mars 1881.

• Stationné à Tsarskoié-Sélo et dépendant du commandant du Palais, le régiment est commandé en 1914 par le général-major de la Suite de Sa Majesté, Wladimir Alexandrovitch Komarov, ancien élève du Corps des Pages.

4 • *Le général-major de la Suite Impériale, Wladimir Alexandrovitch Komarov servant au Preobrajenski, reçoit le commandement du Bataillon combiné en 1904 qu'il conserve jusqu'en 1914.*

4

5

5-6 • *Photos Sotamuseo - Helsinki.*

6

5 • *Appartenant originellement au 3e bataillon finnois de Tirailleurs, l'adjudant M. Korhenen, photographié ici en 1900, a été affecté à la compagnie de Sa Majesté et porte en conséquence le monogramme impérial sur ses pattes d'épaules bleu-clair, distinctives des unités finnoises. Son grade lui permet d'accrocher à sa ceinture de laine bleu clair (modèle 1882) le sabre sans dragonne du modèle 1881.*

6 • *Le caporal Karl Jose Grunfeldt (1862-1906), sert habituellement au 3e bataillon finnois de Tirailleurs de la Garde, et fait partie du détachement affecté au bataillon combiné dont l'insigne orne sa poitrine. Son bonnet de fourrure (modèle 1881) permet de bien voir l'étoile de Saint André de la troupe, en simple métal blanc, contrairement à celle des officiers, émaillée de bleu.*

7 • Poste de garde de Tsarskoïé Sélo. Les hommes de ce qui n'est encore que le bataillon combiné appartiennent tous à la Garde, l'étoile de Saint André se détachant sur leur bonnet. On remarque à côté de la guérite, le petit abri avec la cloche destinée à avertir la garde. Les cercles des tambours de l'armée russe étaient peints de triangles blancs et noirs liserés de rouge.

8 • Symboles de la complémentarité de leurs deux unités, posant ici pour la postérité « main dans la main » le porte drapeau du régiment combiné, l'adjudant-chef Chtchegol du Preobrajenski et l'adjudant Popov, de la 2e sotnia du « Konvoï » en 1908. Chtchegol a été incorporé en 1872, et est entré au L.G. Bataillon combiné en août 1886!

9 • Cet officier de la Flotte en grande tenue (1913), porte sur la poitrine, au-dessus de l'insigne de l'Ecole Navale, celui de la « Garde Maritime », créée le 24 décembre 1901, et qui est le pendant naval du régiment combiné d'Infanterie; Leurs insignes sont d'ailleurs similaires, à l'inscription près et à l'ancre qui, pour les marins, remplace l'écu sous l'étoile de Saint André.
L'uniforme permet de bien détailler le galonnage de la Marine dont l'ancre est naturellement le motif central. Les aiguillettes indiquent les fonctions d'aide de camp.

10

11

10 • Remise du drapeau au régiment combiné le 2… 1908. Celle-ci se déroule dans le manège de Tsars… Sélo, à l'issue de la parade à laquelle ont pris par… deux bataillons du régiment. Cette photo montre le « moleben » (cérémonie religieuse), qui se déroule … présence d'une assistance nombreuse et choisie puisque, outre les Souverains et le Tsarevitch (l'Empereur et son fils sont en uniforme du 4ᵉ Tir… « de la Famille Impériale »), sont présents plusieu… Grands ducs et de nombreux généraux, dont le commandant du Palais, le général-major Deduline.

11 • Le 20 août 1909 a lieu la pose de la première pierre de la future église du régiment combiné, consacrée à l'icône miraculeuse de la Vierge de Fédorovskaïa considérée comme l'icône propre de la famille Romanov. Malade, l'impératrice ne put assister à la cérémonie; l'Empereur pose ici la pièce de monnaie traditionnelle, avec, derrière lui, le général Komarov, et, à gauche, le Grand duc Michel Alexandrovitch, son frère. Cette « première pierre » sera ensuite recouverte de sept briques posées respectivement par l'Empereur, le Grand duc, les Grandes duchesses Olga et Tatiana, le baron Frederickz, le général Deduline et enfin par le général Komarov, Président du Comité pour la construction de l'église.

1…

12 • L'Empereur, en décembre 1913, salue le général Ivan Antonovitch Dombadzé, commandant de la garnison de Yalta. A droite de la photographie, les musiciens du 16ᵉ Tirailleurs (qu'avait auparavant commandé Dombadzé) arborent un uniforme d'essai, modèle 1913, comportant une vareuse kaki à col et plastron de couleur, ce dernier amovible.

Grenadiers du palais

Les grenadiers du Palais ne possédaient pas d'insigne; mais la croix de Saint Georges, ici de 1re classe, pour soldats, en tenait en fait lieu.

1

1 • Un détachement de la Compagnie des grenadiers du Palais à Moscou en 1910. Nos deux jeunes fifres semblent bien intimidés, sans doute par le photographe, ce qui n'est pas le cas du tambour, dont la banderole elle-même est galonnée d'or.
Le grenadier juste derrière les musiciens possède une telle quantité de prix de tir qu'il en a constitué une véritable chainette allant d'une épaule à l'autre.
Le nombre de médailles et décorations qui orne les poitrines de ces braves se passe de commentaire. A l'extrême gauche, l'adjudant qui a, rappelons-le, le rang de sous-lieutenant porte le sabre d'infanterie modèle 1826, avec la dragonne argent nouée de manière élaborée selon l'ancien règlement (cliché Roger-Viollet).

• Mise sur pied le 2 octobre 1827, cette compagnie se compose dès l'origine de vétérans de la Garde arrivés à l'âge de la retraite, et il en sera ainsi jusqu'à la Révolution. Ses officiers reçoivent dès sa création les privilèges de la Vieille Garde ; l'adjudant a le grade de sous-lieutenant, les sous-officiers celui d'aspirant (praporchtchik) et les simples grenadiers celui de sergent. La compagnie remplit un rôle essentiellement décoratif au Palais impérial et pendant les parades ; ses membres assurent également la garde de certains monuments de la capitale, tels les statues de Nicolas Ier et d'Alexandre III et, à Moscou, celle d'Alexandre III.

La Famille impériale sera toujours pleine de sollicitude pour ces vétérans, dont la poitrine, constellée de décorations, rappelle toujours leur glorieux passé. En 1907, l'âge minimum est fixé à 45 ans.

• Le 6 avril 1830, fait unique pour une si petite unité de l'armée russe, la compagnie de Grenadiers du Palais reçoit un drapeau comportant une croix de tissu lamé or, aux coins de velours rouge frappés du monogramme de Nicolas Ier. L'aigle de la hampe, autre détail remarquable, est du modèle de Saint Georges.

• La fête de la compagnie a lieu le 6 décembre.

• Ancienneté : 2 octobre 1827.

• Stationnée à Saint-Pétersbourg (mais une section est cependant détachée à Moscou), la compagnie de 140 hommes, dépend du ministre de la Cour, qui, sous le dernier règne est le général aide de camp baron, puis comte Frederickz. En 1914, les Grenadiers du Palais sont commandés par le colonel Griniev.

2

2 • *Le colonel Griniev, commandant la compagnie en 1914. Ses nombreuses décorations montrent s'il en était besoin, que ce poste n'était pas uniquement honorifique. Outre son splendide bonnet avec la plaque à rayons comportant au centre l'aigle impérial on note sur sa poitrine au-dessus du parement l'insigne de l'Institut Impérial d'Archéologie de Saint-Pétersbourg, ce qui prouve à tout le moins, que les militaires russes pouvaient avoir de nombreux centres d'intérêts dans la vie. Au-dessus l'insigne du Tricentenaire des Romanov, créé en 1913 et remis aux civils et militaires particulièrement méritants.*

3 • *De gauche à droite, le colonel commandant la compagnie, la poitrine barrée du ruban rouge et blanc de Saint Stanislas; à ses côtés, les décorations de son adjoint racontent toutes les campagnes de l'armée russe depuis au moins la guerre russo-turque, et se terminent par la glorieuse croix de Saint Georges. Celle-ci, on le remarquera, orne presque toutes les poitrines de ces vétérans.*
Le jeune fifre, l'air intimidé, accompagne son aîné, le tambour, dont l'instrument est du modèle haut, et non plat comme de coutume dans l'armée russe. Il porte en outre un tablier en peau de léopard.
On remarquera que le drapeau, qui date de 1830, est en parfait état de conservation. Il y a là aucun mystère : contrairement aux autres emblèmes de l'Armée russe, il n'est pas cloué à la hampe (peinte en jaune) mais conservé dans un étui spécial de maroquin à plat, et n'est attaché que quand cela est nécessaire.

3

4 • *Poste de garde devant le monument équestre de l'Empereur Nicolas Ier érigé en 1859. Œuvre du sculpteur russe, le baron Clodt, cette statue, qui se dresse au centre de la place Marie, représente l'Empereur à cheval, sur un socle massif flanqué de figures allégoriques en bronze, symbolisent la Justice, la Foi, la Raison et la Force sous les traits de la femme et des trois filles du souverain.*

4

5

6

5 • *La bénédiction des eaux à Tsarskoié-Sélo en janvier 1906 : les grenadiers se sont découverts. Le spécialiste remarquera que, seuls de toute l'infanterie de la Garde et même de l'armée russe, ils portent le briquet modèle 1817 et non le glaive. De même les officiers de la compagnie continueront de porter le sabre d'infanterie modèle 1826, reçu à la création de l'unité. Au premier plan le général major de la suite impériale, Dimitri Fedorovitch Trepoff, commandant du Palais, qui sera vraisemblablement empoisonné par les révolutionnaires à la fin de l'année 1906.*

6 • *Devant sa guérite aux couleurs des Romanov, ce grenadier monte une garde stoïque... Il totalise 20 ans de service irréprochable et porte deux croix de Saint Georges sur la poitrine. Sa casquette est recouverte d'un fourreau blanc pour l'été.*

7 • La compagnie des grenadiers du Palais avait reçu le surnom de « Compagnie dorée » tant son uniforme était galonné, non de tresses jaune orangé comme pour le reste de la Garde, mais de galon or, y compris buffleries et bretelle de fusil! Le bonnet d'ours noir était semblable à celui des grenadiers de Napoléon; ce dernier en avait en effet offert une centaine à Alexandre Ier après l'entrevue de Tilsitt, et il est probable que ce cadeau ait inspiré cette coiffure, quelque peu « exotique » pour l'armée russe.
Le sous-officier assis porte le vice-moundir noir comportant, aux parements, trois galons indiquant un ancien adjudant (un grenadier de 1re classe aurait eu deux galons et un 2e classe, un seul). Ce système était spécifique à l'unité.
On remarque sur les manches gauches le nombre impressionnant de chevrons d'ancienneté « pour service irréprochable », créés en 1825 : un chevron équivalait à 10 années de service, 2 à 15 ans, 3 à 20 ans.
En raison du rôle plutôt décoratif qui leur était dévolu, les grenadiers resteront armés du fusil Berdan modèle 1870, même après l'adoption du fusil modèle 1891.

8 • 26 novembre 1910. Fête de Saint-Georges, sous la présidence, cette année-là, du Prince Alexandre Petrovitch d'Oldenbourg, au centre de la photo. Le banquet réunissant les officiers et soldats décorés de l'Ordre (par tables séparées...) a lieu à la Maison du peuple, Empereur Nicolas II. Les Grenadiers du Palais, presque tous titulaires de Saint Georges, occupent une table entière, à droite du cliché.

Le bataillon de Sapeurs de la Garde

L'insigne régimentaire adopté le 28 octobre 1910 représente le monument élevé devant les quartiers du bataillon : un aigle doré sur socle argent. Sur ce dernier, plaquette en or avec l'inscription « Aux morts du bataillon de Sapeurs de la Garde ».

1 

1 • Le Grand duc Michel Alexandrovitch, frère de Nicolas II, inscrit sur les listes du bataillon le 27 mai 1900, qui sera également chef de la 2ᵉ brigade d'Artillerie de la Garde. Sur sa poitrine les médailles commémoratives de la mort d'Alexandre III (ruban rouge) et du Couronnement de Nicolas II (ruban bleu ciel), ainsi que le grand Cordon et l'étoile de l'Ordre de Saint André. On voit parfaitement le détail des broderies de col argent qui, avec les boutons et les épaulettes, distinguaient seuls les Sapeurs des Artilleurs.

2 • Elevé à Peterhof en 1853 devant le camp du bataillon sur ordre de Nicolas Iᵉʳ, cet aigle de bronze porte, sur son socle de granit, l'inscription « Aux morts du L.G. bataillon de Sapeurs ». En 1899, Alexandre III fit transporter ce monument à Saint-Pétersbourg devant l'église du bataillon, que montre cette photographie. L'insigne de l'unité est la miniature exacte du monument et fut adopté le 28 octobre 1910.

2 

• Ce bataillon est créé le 27 décembre 1812 à partir des 1er et 2e régiments de pionniers, n'entrant dans sa composition que « les meilleurs hommes et les officiers les plus distingués » de ces deux unités, qui forment un effectif de deux compagnies de mineurs et deux de sapeurs. Il reçoit aussitôt les privilèges de la Vieille Garde. Le 28 février 1914, sont créés des pelotons de sapeurs à cheval de la Garde, rattachés aux divisions de cavalerie et à la brigade indépendante de la Garde. A la déclaration de guerre, le bataillon de Sapeurs devient régiment à deux bataillons.

• S'il se compose dès l'origine d'éléments s'étant distingués au cours des guerres napoléoniennes, le bataillon ne participe cependant pas aux campagnes suivantes de 1813 et 1814. Il se distingue par contre en 1828 durant la guerre russo-turque, notamment au franchissement du Danube puis lors du siège de la forteresse de Varna, à la prise de laquelle il contribue grandement en travaillant jour et nuit aux sapes et galeries. Il se distingue de nouveau en 1831 lors de la révolte polonaise, participe à la prise de Varsovie en août. En 1849, il prend part à la campagne de Hongrie mais n'est pas engagé. Il ne l'est pas non plus au cours de la guerre de Crimée, à l'instar des autres unités de la Garde, mais quelques officiers subalternes et hommes de troupe prennent part à la défense de Sébastopol. Le bataillon participe activement à la guerre contre la Turquie en 1877-1878, un détachement de 50 hommes faisant même partie de l'escorte de Sa Majesté. Du passage du Danube à San Stefano, le bataillon, souvent divisé en détachements, participe à la plupart des engagements : Gornyi-Dubniak, les Balkans, Telich, Khan Pravetz, prise de Sofia, Philippopol, Adrianopol...

• En 1828, après la prise de Varna où il s'est distingué, le bataillon reçoit un drapeau de Saint Georges; il recevra un nouvel emblème lors du jubilé de 1912 avec une banderole de Saint André. Deux trompettes de Saint Georges lui sont remises le 6 décembre 1831 avec l'inscription « Pour Varsovie les 25 et 26 août 1831 ». La plaque de distinction des coiffures, attribuée le 17 avril 1878, porte l'inscription « Pour les Balkans 1877 ».

La 1re compagnie porte sur les pattes d'épaule le monogramme impérial. Le 1er novembre 1894, la 5e compagnie devient compagnie de télégraphistes militaires.

• La fête du bataillon a lieu le jour de la Sainte Trinité.

• Ancienneté : 27 décembre 1812.

• Inscrit le 6 mai 1868, jour de sa naissance, sur les listes du bataillon, Nicolas II en devient Chef le 2 novembre 1894, l'Empereur étant traditionnellement Chef de l'unité depuis Nicolas Ier. De même y est inscrit à naissance le Tsarevitch Alexis; sont portés par ailleurs sur les listes les Grand ducs Michel Alexandrovitch (27 mai 1900), Boris Wladimirovitch (17 mai 1909), Nicolas Nicolaevitch (6 novembre 1856), Pierre Nicolaevitch (10 janvier 1864). Le Grand duc Wladimir Alexandrovitch y figure de 1847 à sa mort le 4 février 1909.

• Stationné à Saint-Pétersbourg, le bataillon à l'effectif de 5 compagnies est commandé en 1914 par le général-major de la Suite Podimov.

3

3 • Officier et soldat photographiés en 1907, avant le remplacement de l'uniforme très sobre adopté en 1882. Outre le galonnage et les boutons argent, les sapeurs se distinguent par les haches croisées (symbole des unités du Génie en Russie), placées sous l'étoile de Saint-André de la coiffure et sous l'aigle des boutons et de la plaque de ceinturon. Ce ceinturon est de cuir noir jusqu'en 1912.

4

4 • Le capitaine en second Paul Papkievitch, en grande tenue comportant le plumet de crin noir. En 1914, le capitaine Papkiévitch recevra un sabre d'honneur de Saint Georges pour s'être distingué en août et en septembre lors de l'établissement de passages de franchissement sous le feu ennemi.

5

5 • Le kiver des Sapeurs de la Garde, adopté le 25 novembre 1908 (modèle officier). Il est vert impérial à bandeau de velours noir passepoilé rouge, à jugulaires et galons argent. Les haches croisées, symboles de l'arme, figurent sur les côtés et sous l'étoile de Saint André. En grande tenue, le kiver est en outre orné d'un plumet noir. Le 22 décembre 1912, un passepoil blanc sera ajouté sur les côtés, sous les haches.

6

6 • Ce groupe d'officiers, photographié à Sébastopol au cours de l'été 1910, fait partie de la première promotion des élèves pilotes de l'école créée à cette époque à Sébastopol et qui comptait des représentants de toutes les armes, de la Garde comme de l'armée et de la marine. Au milieu de ses quatre camarades, cet officier des Sapeurs de la Garde est aisément reconnaissable à son plastron de velours noir, et ses broderies de col et de parements, identiques à celles de l'Artillerie, mais en fils d'argent — couleur distinctive du Génie russe — et non d'or. Il porte l'insigne de l'Ecole du Génie Nicolas, mais pas encore celui des Sapeurs, créé postérieurement. Son kiver est bien petit comparé à celui de son voisin, officier du régiment Préobrajenski, S.I. Viktor-Bertchenko. Les deux officiers de Marine sont en vareuse blanche d'été et l'on remarque que si celui de gauche porte le sabre de marine réglementaire à lame droite, son camarade arbore, lui, un modèle à lame courbe, fantaisie admise par le règlement.

7

8

7 • Sapeur en grande tenue, photographié en 1912. Comme le reste de l'uniforme, le « kiver » de la troupe est en feutre noir. La plaque de ceinturon est en métal blanc. Si les cuirs sont blancs, les cartouchières sont cependant toujours en cuir brun. Le fusil, modèle 1891, de trois lignes, est ici dépourvu de bretelle, qui dans la Garde et en grande tenue, est en cuir rouge. Enfin, remarquons la pelle caractéristique des sapeurs, du modèle du Génie, à manche long, contrairement à la courte pelle de tranchée de l'infanterie.

8 • Ces deux musiciens photographiés en 1912 sont reconnaissables aux « nids d'hirondelles » des épaules, au passepoil blanc propre à certaines unités de la Garde. Comme dans toute l'armée russe, les tambours sont ornés de triangles alternés blancs et noirs à filet rouge. On distingue bien, sur la poitrine du clairon, l'insigne du bataillon et, en dessous, ceux des unités où l'homme a servi précédemment, dont le 3e Tirailleurs de la Garde. Le galon de col et de parement est ici du modèle dit « bitévoï » (cotelé) réservé aux Sapeurs et à quelques autres unités de la Garde.

9

9 • Un soldat de la compagnie de télégraphistes militaires mise sur pied en 1894, portant la tenue adoptée début 1908 : tunique à plastron introduit fin 1907, le bonnet de mouton étant conservé jusqu'en juillet, date à laquelle il est remplacé par le shako. Les télégraphistes portent sur leurs pattes d'épaule les éclairs croisés, insigne de leur spécialité. Ils ont également droit à la shashka et au pistolet. La ceinture est du modèle de l'artillerie à cheval à bandes rouges et noires.

10 • Superbe photographie prise en 1912 dans la salle d'honneur du régiment, sous le portrait en pied de l'Empereur, en uniforme du régiment, et ceux (de gauche à droite) des Grands ducs Nicolai Alexandrovitch, Michel Alexandrovitch, Boris Vladimirovitch et X... De gauche à droite, clairon, tambour, officier, sous-officier, deux hommes de troupe, jalonneur (on distingue le fanion fixé à la baïonnette), tous en grande tenue (tunique noire — verte pour les officiers — à plastron noir et galonnage argent).

10

Régiment de Chemins de fer de Sa Majesté

1 • Juillet 1914 : les marins de la Garde s'apprêtent à tirer les salves d'honneur à l'occasion de la venue en Russie du Président de la République française, Raymond Poincaré. La chemise blanche comporte un col et des parements bleu céleste à trois raies blanches. En hiver, cette chemise est de couleur bleu foncé à col de même et à trois raies oranges. La cocarde reste apparente sur le bonnet de marin recouvert de la coiffe d'été blanche et, sur la poitrine, le marin porte l'insigne de l'unité, une croix de Kulm noire. Le pantalon est noir. (Photo Roger Viollet).

• En 1710, Pierre le Grand constitue deux détachements de marins servant à la Cour, l'un composé de rameurs, l'autre de matelots manœuvrant le yacht impérial. L'ancienneté de l'Equipage de la Garde remonte donc à cette année là, précisément au 16 février. Mais c'est seulement un siècle plus tard exactement, le 16 avril 1810, qu'à partir de ces détachements préexistants et de marins de la flotte sera véritablement mis sur pied l'Equipage de la Garde, comprenant à l'époque 4 compagnies. Le 25 décembre 1815, Alexandre Ier porte l'effectif à 8 compagnies auxquelles s'ajoutent un détachement d'artillerie et un de transport. L'évolution continuera par la suite par l'adjonction de compagnies de réserve et de mécaniciens.

• L'unité est engagée pour la première fois, comme formation d'infanterie, au cours de la campagne de 1812, et en 1813, les marins de la Garde servent comme pontonniers; ils combattent à Bautzen, Kulm et Leipzig avant de construire plusieurs ponts durant la campagne de France et d'entrer dans Paris. En 1828, ils servent sur le Danube contre les Turcs, et, pour la première fois, certains détachements se battent à bord de navires de guerre. L'Equipage de la Garde, dans sa totalité ou par détachements participe à toutes les campagnes du XIXe siècle et du début du XXe : en 1831 en Pologne, en 1855 en Crimée, en 1863 à nouveau en Pologne, en 1877-1878 contre les Turcs (à titre de sapeurs sur le Danube); en 1900-1901, un détachement est envoyé contre les Chinois et en 1904-1905, de nombreux marins de l'Equipage combattent sur différents navires, comme lé « Petropavlovsk » à Port-Arthur et « L'Empereur Alexandre III » à Tsou-Shima (qui sombrera avec ses 823 officiers et marins), ou encore « L'amiral Nakhimov », « L'Oural », le « Gromoboï » et « L'Izoumroud ». D'autres marins serviront à terre en Mandchourie.

• L'Equipage de la Garde possède un drapeau de Saint Georges remis en 1910, comportant une banderole de Saint André, similaire à celui reçu en 1813, avec l'inscription « Pour la bravoure montrée à la bataille de Kulm le 17 août 1813 » et les dates « 1710-1810-1910 ».

Il possède en outre des clairons de Saint Georges accordés le 22 juillet 1881 à la compagnie de Sa Majesté portant pour inscriptions : « Pour la traversée du Danube à Zimnitz le 15 juin 1877 ».
Pour les autres compagnies : « Pour distinction dans la guerre contre la Turquie 1877-1878 ».

Depuis le 8 juillet 1878, le bonnet des marins de la Garde comporte un ruban aux couleurs de Saint Georges sur lequel se détache, en lettres dorées, le nom du navire sur lequel ils servent, ou « L.G. équipage de la garde ».

• La fête de l'Equipage a lieu le 6 décembre, jour de Saint Nicolas le Thaumaturge.

• Ancienneté : 16 février 1710.

• Contrairement à la plupart des unités de la Garde, le règlement ne prescrit aucun type physique pour les hommes.

• L'Impératrice douairière Maria Feodorovna est Chef de l'Equipage de la Garde depuis le 22 juillet 1892, en remplacement du Grand duc Constantin Nicolaevitch. Le tsarevitch Alexis est inscrit sur les listes de l'Equipage depuis le jour de sa naissance et c'est d'ailleurs l'uniforme de l'unité qu'il porte le plus souvent. Plusieurs Grands ducs sont par ailleurs membres de l'Equipage : Michel Alexandrovitch, Cyril Vladimirovitch, Constantin Constantinovitch, Dmitri Constantinovitch, Alexandre Mikhailovitch et Alexis Alexandrovitch.

• Stationné à Saint-Pétersbourg, l'Equipage de la Garde est commandé, en 1914, par le contre-amiral de la Suite comte Nicolas Mikhailovitch Tolstoy.

2

3

4

2 • 23 août 1897, débarcadère de Peterhof : la musique de l'Equipage de la Garde s'apprête en attendant l'arrivée du Président de la République française Félix Faure. Les musiciens, à gauche, portent les « nids d'hirondelle » aux épaules, tout comme dans le reste de l'armée. Les marins de la Garde se distinguent par les liserés blancs au col rabattu et aux parements; en grande tenue, à terre, le pantalon est rentré dans les bottes. A l'arrière plan, derrière le porte-drapeau, un officier vérifie l'alignement. Quant au personnage à l'imposant embonpoint, au premier plan, il s'agit d'un membre de la Suite Impériale!

3 • Le même jour, le Président Félix Faure s'entretient avec l'Empereur, en uniforme de l'Equipage de la Garde dont les hommes, à droite, présentent les armes. A gauche, le Grand duc Alexis, commandant en chef de la Marine russe, suivi, le poing sur la hanche, en tenue de général de la Suite, du Grand duc Wladimir.

5 • *Le Grand duc Cyril Vladimirovitch. Inscrit sur les listes de l'Equipage le 14 mai 1896, il y servira du 5 octobre 1905 au 10 avril 1909. Le 31 mars 1904, durant la guerre russo-japonaise, il est à bord du « Petropavlovsk », servant en qualité d'aide de camp de l'amiral Makharov avec le grade de capitaine de 2ᵉ rang, lorsque le navire explose sur une mine. Il sera l'un des rares survivants.*

6

6 • *Le Grand duc Alexis Alexandrovitch en uniforme de « Mitchman » de l'Equipage de la Garde. Les épaulettes sont du modèle de l'infanterie de la Garde, or à fond rouge; la broderie de col est d'un dessin datant du règne d'Alexandre 1ᵉʳ.*

7

7 • *Le capitaine de vaisseau Serge X… Les parements de son habit montrent les boutonnières et le liseré blanc caractéristique de l'Equipage de la Garde, dont il porte la casquette à bandeau noir recouverte du « manchon » blanc d'été.*

4 • *Port-Baltique le 21 juin 1912. L'Empereur Guillaume II en uniforme russe et Nicolas II en uniforme allemand, passent en revue l'équipage du Yacht Impérial, le « Standart », appartenant à l'Equipage de la Garde. Reçu par 33 coups de canon, suivant le règlement allemand (et non 21 suivant le russe), Guillaume II repartit néanmoins sans aucune assurance politique de la part de son cousin russe.*
On aperçoit sur le col bleu foncé de la chemise des marins, un second col bleu céleste à trois raies blanches.

8

8 • *Le capitaine de 2e rang S.A. Domojirov, en novembre 1902.*
Il porte ici la tenue ordinaire selon le règlement de 1899, c'est-à-dire la redingote et le bicorne. Avant 1904, seul l'Equipage de la Garde a droit aux boutons avec aigle et ancres croisées, tout comme lui sont propres les boutonnières aux parements. Le capitaine Domojirov est décoré de la croix de l'Ordre danois du Danebrog.

9

9 • *Cette photographie, datant de 1896, montre l'Empereur, en uniforme de l'Equipage, l'Impératrice et leur premier enfant, la Grande duchesse Olga.*

10

10 • *Au début de la guerre, le tsarevitch Alexis, en tenue de fantassin, présente les armes au sous-officier Derevenko, attaché à sa personne et qui avait pour mission de veiller à la sécurité de l'enfant hémophile, que le moindre choc mettait en grave danger. Malgré les dix années passées au service de la Famille impériale, Derevenko abandonnera son protégé dès le début de la Révolution, après l'avoir humilié. Au contraire, le matelot Nagorny, chargé lui aussi de veiller sur le prince héritier, restera avec lui jusqu'au sacrifice suprême à Ekaterinbourg, en 1918. Il s'opposera même à un garde rouge tentant de voler le tsarevitch, sera emprisonné puis fusillé.*
Derevenko est ici en caban d'hiver noir avec les chevrons d'ancienneté et de bonne conduite. Sous-officier, il a droit au port de la casquette noire à passepoil blanc et visière d'officier.

11 • Reconstitution historique à l'occasion du bicentenaire de l'Equipage de la Garde en 1910 : on voit ici les différents uniformes au cours des âges, depuis les rameurs du XVIIIe siècle jusqu'aux combattants des guerres du XIXe siècle. On distingue l'aigle de coiffure et les deux ancres croisées.

12 • A bord de « L'Amiral Nakhimov » en 1902.
Le tabouret, au premier plan, sur lequel est posé un pot de vodka et un petit verre prouve que le navire attend une visite importante. Les officiers sont en grande tenue, en habit à épaulettes et bicorne. Tous portent le sabre, sauf l'officier mécanicien, au premier plan à gauche, qui n'a que la dague. L'habit des officiers de l'Equipage de la Garde ne se distingue que par deux détails : liseré le long des parements et du col (coupé à angle droit et non arrondi) et deux rangs de huit boutons au lieu de six pour la Flotte.

13 • Dans ce groupe d'officiers de marine, ceux appartenant à l'Equipage de la Garde sont reconnaissables aux parements de leur redingote, ornés de boutonnières. Le revers de col des officiers mécaniciens est en velours et non en drap (tel celui au premier rang, debout à droite, main sur la dague). Tous portent ici la tenue de service adoptée en 1907, dite « redingote et dague »; cette dernière est portée suspendue à un ceinturon étroit. La casquette est recouverte du « manchon » blanc d'été.

CAVALERIE

Régiment prestigieux tant par son histoire que par son recrutement, les Chevaliers-Gardes constituaient certainement l'une des unités les plus aristocratiques de la Garde Impériale; l'anecdote suivante, cependant, éclaire d'un jour méconnu la mentalité des officiers russes de l'époque.

Le 31 janvier 1899 s'éteignait le « commandant » des casernes des Chevaliers-Gardes, un adjudant de 75 ans, ayant servi 53 ans dont 35 aux Chevaliers-Gardes. Juif, il s'appelait Abel Aaron Istkov Ochanski. Depuis 1898 sa santé déclinait, mais malgré les avis du médecin et de ses chefs, il continuait à accomplir son service sans compter. Au commandant du régiment, qui lui reprochait de trop se fatiguer, il répondit :

— Votre Excellence, les médecins sont tous des menteurs; si je me couche, je meurs!

Ochanski redoubla d'ardeur pour préparer les fêtes du jubilé du régiment en janvier 1899. Ce fut son chant du cygne : peu après, il s'alitait pour ne plus se relever et mourut à la caserne.

C'est alors que commence ce qui, pour l'époque et le lieu, demeure assez exceptionnel. Le 3 février eurent lieu ses obsèques solennelles, décrites par un journaliste du « Temps », de passage à Saint-Pétersbourg :

« Quelle rareté ai-je donc vue? Tout simplement une cérémonie funéraire israélite, célébrée selon le rite rabbinique en pleine caserne des Chevaliers-Gardes... devant une assistance où, parmi les êtres chétifs que leur judaïsme ne semblait pas avoir enrichi, se dressaient et resplendissaient, en grande tenue, avec le brassard de deuil à la manche gauche, les officiers actuels et les anciens commandants du régiment... Le rabbin prononce quelques mots en hébreu, puis en russe, un discours où il se risque... à féliciter l'adjudant d'être demeuré fidèle à sa foi... Une dame élégante — la femme d'un des officiers du régiment —, un chambellan tout chamarré, tout soutaché, feuilletent le livre des prières funèbres selon le rite rabbinique, en russe et en hébreu, que leur a distribué le Suisse de la synagogue. Un prince Galitzine et un jeune comte Ignatieff font très paternellement régner un ordre relatif. Des soldats, bons enfants, rient avec de jeunes juives, les laissant s'approcher du cercueil (!)... Le général Timiriazeff, ancien chef du régiment, assure son monocle; le général-major, chef actuel du régiment (A.N. Nicolaieff), ébauche machinalement le signe de la croix! Au premier rang se dresse le général comte Ignatieff, ancien chef du régiment... Voici la fin, le cercueil sort de la caserne. Un détachement d'honneur présente le sabre. La musique du régiment joue des marches funèbres. Les officiers accompagnent la dépouille mortelle de leur subordonné jusqu'à la gare Nicolas, d'où il partira pour le cimetière israélite. »

Ajoutons que le journaliste français écrivait mélancoliquement « après Ochanski, plus jamais un seul de ses correligionnaires ne serait jugé digne de pénétrer dans le régiment des Chevaliers-Gardes »... Il ignorait certainement que le fils de celui-ci y servait déjà comme soldat...!

Dans quelle armée, de nos jours, une telle cérémonie serait-elle possible?.

2 • L'étendard et sa garde, en grande tenue à cheval; les hommes portent donc la cuirasse et le premier rang de cavaliers tient la lance à flamme rouge et blanche.

3

5

3 • Engagé volontaire en capote... dont la longueur se passe de commentaire...! En petite tenue, le casque, au lieu de l'aigle, est surmonté d'une grenade enflammée.

3 • Le sous-lieutenant W.N. Zweguintzow en tenue de garde du Palais. On voit nettement le galonnage de l'habit et de la soubreveste rouge. La banderole de giberne et le baudrier sont du modèle « cuirassiers », c'est-à-dire à sillons longitudinaux, alors que, dans les autres régiments, ces éléments sont lisses. La latte est du modèle 1909.

4 • Monté sur un cheval gris, robe traditionnelle des montures de la musique, le timbalier des Chevaliers-gardes est barbu, contrairement au type physique réglementaire. Les tabliers de ses timbales sont rouges à bande bleu-clair et galons et franges argent.

4

6

6 • *Michel Andreievitch Jitkov, timbalier du régiment de 1860 à 1903. Cette photographie détaille parfaitement l'uniforme spécifique à boutonnières doubles or, filets rouges et glands dorés, chevrons de manches de même galonnage (les chevrons de la manche gauche, inversés, indiquent que leur possesseur est sous-officier de carrière). Les épaulettes, modèle de général, sont oranges, à franges en corde à puit d'argent et portent le monogramme d'Alexandre II, souverain sous le règne duquel ce timbalier a commencé son service. Enfin, outre la brochette de médailles commémoratives accrochée sur la poitrine, remarquons les médailles « Pour le zèle » portées en sautoir, récompenses successives d'un service irréprochable.*

7

7 • *Musicien en grande tenue. Les trompettes et en général les musiciens de cuirassiers ne portent pas la cuirasse. Les « nids d'hirondelles », attributs traditionnels des musiciens, sont rouges, avec tresses oranges à filet rouge, et liseré inférieur blanc.*

8

8 • *Groupe d'officiers en 1909. Ils sont en tenue ordinaire et portent le « vice-moudir » noir passepoilé de rouge, et la casquette du régiment blanche à passepoil rouge, bandeau rouge liseré de blanc. Deux d'entre eux ont sur la poitrine l'insigne du Corps des Pages et l'on peut également remarquer, accroché au premier bouton du premier et du troisième en partant de la gauche, le jeton du régiment.*
De gauche à droite : cornette prince A. Gagarine III, capitaine en second, A.P. Rodzianko I (à cheval), cornette N.V. Sipiaguine, Poroutchik (lieutenant) baron A.A. Korff et cornette P.P. Baranov.

9 • Officier des Chevaliers-gardes en soubreveste. Cette pièce d'uniforme, de couleur rouge, ornée en son centre, devant et derrière, d'une grande étoile de Saint André, n'est portée qu'à l'intérieur du palais. Festons et bordure sont bleu-clair liserés d'argent pour les officiers, d'orange pour la troupe. Cette tenue, sans doute l'une des plus somptueuses de la Garde, est complétée par le casque de cuivre doré surmonté d'un aigle bicéphale argent et de bottes fortes vernies et à genouillères.

10 • Vue de l'intérieur de l'église régimentaire des Chevaliers Gardes dédiée aux saints Zacharie et Elisabeth. Y étaient conservés les anciens étendards du régiment, sortis uniquement à l'occasion de jubilés ou de grandes fêtes comme la commémoration de la bataille de Poltava en 1909.

10

11 • 1907 : l'étendard du régiment et sa garde s'apprêtent à participer à l'inauguration de l'église expiatoire de la Résurrection, élevée sur les lieux de l'assassinat d'Alexandre II par l'architecte Parland. A gauche de l'étendard : Prince M.N. Gagarine; à droite : D.W. Kossikovski et le baron P.A. Bilderling.

12 

12 • L'Impératrice Marie Feodorovna, veuve d'Alexandre III et Chef du régiment, visite ses Chevaliers-gardes en 1909. Elle est accompagnée du chef de la Suite Impériale, le général major comte G.C. Mengden et de plusieurs officiers du régiment : au fond, en rang et saluant, de gauche à droite, le baron K.N. Rosen (aide de camp régimentaire, reconnaissable à ses aiguillettes), le comte A.O. Keller, P.P. Rodzianko; puis cachés : les stab-rotmistr A.P. Rodzianko et N.N. Chipov, le capitaine comte D.M. Grabbe II. Figurent également sur cette photo, de dos, le lieutenant-colonel Kniajevitch, l'aide de camp colonel Arapov, le général major de la Suite prince F.F. Youssoupov... et deux officiers danois à l'uniforme caractéristique. Les officiers russes portent ici, étant en manœuvres, la nouvelle vareuse kaki.

13 

13 • Au cours des manœuvres de 1906, ce groupe de joyeux officiers prouve que dans l'armée russe, on buvait aussi du lait!
Sur le plan uniformologique, on notera les tenues d'essai kaki qui ne seront adoptées que le 20 mars 1907, mais qui avaient déjà fait leur apparition sur le terrain pendant la guerre russo-japonaise, les tenues blanches d'été s'étant révélées trop voyantes.

Garde à cheval

Il n'existe pas d'insigne régimentaire, mais un jeton sera créé en émigration par l'association des anciens officiers à l'occasion du bi-centenaire de la fondation de l'unité (1931). Représentant le blason du « Leib-Regiment », il est en or et figure, sur un fond rouge, une couronne dorée et des feuillages verts.

1 • Deux jeunes et élégants officiers : à gauche le lieutenant baron Germain Carlovitch Bagge af 'Boo, à droite le capitaine en second Alexandre Alexandrovitch Klucky von Klugenau. Ils symbolisent parfaitement, de par leur nom de consonnance balte, le grand nombre d'officiers d'origine étrangère (très fréquemment balte) servant dans ce régiment de génération en génération. Ils portent tous les deux, de préférence au manteau ordinaire, le très seyant manteau à pélerine dit « du modèle Nicolas » (par référence à Nicolas Ier), en drap fin, de couleur gris clair, sans pattes d'épaule contrairement au modèle réglementaire. Ils s'appuient sur des lattes de cuirassiers à dragonne de cavalerie et portent le casque à bombe et aigle dorés.

• Créé le 7 mars 1721, le régiment de « Dragons de Kronchlot » est formé à partir de diverses unités de Dragons et d'éléments du Leib-Escadron. L'année suivante, le 17 avril, l'Empereur ordonne que ce régiment ne soit composé que de nobles, destinés à constituer les cadres des diverses unités de dragons. Le 21 décembre 1725, il prend le nom de « Leib Regiment » et le 31 décembre 1730, il devient « Régiment de la Garde à cheval » et est incorporé à la Garde.

Le 28 mai 1800, il prend le nom de « Régiment de Son Altesse Impériale le Tsarevitch Constantin Pavlovitch », mais reprend, et cette fois-ci définitivement, son appellation de « Garde à cheval » le 13 mars 1801. Le 29 décembre 1863 est créé l'escadron de réserve.

• De 1737 à 1739, trois compagnies servent dans l'armée du Maréchal Münich et participent à la prise d'Otchakoff puis à celle de Khotine. En 1742, un détachement combat en Finlande contre les Suédois. Le régiment dans son entier participe ensuite aux différentes campagnes du XIXe siècle : il se distingue en 1805 à Austerlitz où il prend un aigle aux Français, se bat en 1807 à Gutstadt et à Friedland. Durant la campagne de 1812, ses escadrons, répartis entre différentes unités, combattent à Borodino, Kliastits, Polotzk et sur la Bérézina. Réuni à nouveau en 1813, il se bat à Dresde, Kulm et Leipzig. En 1814, il se distingue à la Fère-Champenoise et à la prise de Paris. Il participe ensuite, mais sans prendre part aux combats, aux campagnes de Pologne en 1831 et de Hongrie en 1849.

• Le régiment des Gardes à Cheval possède un étendard de Saint Georges remis en 1851, avec banderole jubilaire de Saint André et les inscriptions « Pour la prise d'un drapeau ennemi à Austerlitz et pour distinction lors de la défaite et l'éviction de l'ennemi hors de Russie en 1812 » et « 1730-1830 ».

Il possède en outre 22 trompettes de Saint Georges accordées le 30 août 1814 avec l'inscription « Fère-Champenoise », et des timbales d'argent prises aux Suédois après Poltava et remises à sa garde en 1827. Celles-ci, conservées dans l'église du régiment (des timbales ordinaires sont utilisées dans le service), portent l'inscription latine : « Sub Felicissimo, cersemine Potentissime Regissvecia Carolus XII cum Polonis Saxon. Tart Woloscis et noc formen icta globum hostitis Clitzoviam, in Pol. 1702 ».

• La fête du régiment a lieu le 25 mars, jour de l'Annonciation.

• Ancienneté : 7 mars 1721.

• Type physique réglementaire : grande taille, bruns à petite moustache (par exception, les hommes du 4e escadron portent la barbe).

• Tous les souverains sont Chefs du régiment depuis Anna Ioannovna (1730), à l'exception d'Alexandre Ier. L'Empereur est inscrit sur les listes dès sa naissance et devient Chef de l'unité le jour de son avènement.

Le Tsarevitch Alexis est donc inscrit lui aussi sur les listes des Gardes à Cheval, tout comme les Grands ducs Dimitri Pavlovitch (1891), Constantin Constantinovitch (1858), Dimitri Constantinovitch (1860) et Paul Alexandrovitch (1896).

• Stationné à Saint-Pétersbourg, le régiment est commandé en 1914 par le général-major de la Suite P.P. Skoropadsky, futur Hetman de l'Ukraine en 1918.

2

2 • Funérailles d'Alexandre III le 1er novembre 1894 à Saint-Pétersbourg. Le cortège mène la dépouille du souverain à la cathédrale Saint-Pierre et Saint-Paul où reposent tous les souverains russes. Au loin, derrière le catafalque, les Cuirassiers de la Garde en grande tenue d'hiver, la cuirasse portée par-dessus le manteau, et portant le casque à aigle bicéphale. Au premier plan, la musique des Gardes à Cheval, dont les timbales sont, pour la circonstance, voilées de noir. En face, légèrement à droite, présentant les armes, le régiment Pavlovski et ses célèbres mitres.

3

3 • Le peloton des élèves officiers en 1904. Les trois premiers assis au premier rang sont engagés volontaires, reconnaissables à leur patte d'épaule passepoilée d'orange, noir et blanc; ils portent sur la poitrine un insigne d'académie. Leurs camarades sont en « vice-moundir » ou veste de petite tenue, de couleur noire dans les quatre régiments de cuirassiers. On notera que celui des officiers, ainsi que la redingote de l'officier assis à gauche, sont, comme le prévoit le règlement, vert foncé. Ceci est une exception par rapport aux trois autres régiments où le drap de cette tenue, pour les officiers, est de par une tradition indéracinable, noir comme celui de la troupe. L'Empereur étant un jour venu visiter les Gardes à cheval dans une tenue d'officier verte, cette couleur fut donc désormais adoptée par les officiers du régiment.

4

4 • *Le Grand duc Georges Nicolaevitch de Leuchtenberg (1872-1929) en tenue de Garde du Palais, soubreveste écarlate frappée de l'aigle doré sur la poitrine et dans le dos. Cette somptueuse tenue de gala n'est en fait portée que par les hommes des 1er et 4e escadrons qui, en raison de leur grande taille, sont souvent détachés pour être de service à l'intérieur du palais. Les bottes fortes, doublées de chamois blanc, ont en principe la pointe du pied coupée droit, mais, on le constate ici, il existe des exceptions pour les officiers!*

5

5 • *Départ en manœuvres. Badine à la main, allure très britannique, le capitaine Voieikov surveille l'embarquement. Derrière lui, un jeune trompette attend qu'on lui donne l'ordre de sonner le départ.*

6

6 • *Le colonel Wladimir Fedorovitch Kozlianinov, né en 1881, ancien élève du Corps des Pages, aide de camp de Sa Majesté, sert au régiment de 1909 à 1912. Il porte la casquette de l'unité, blanche à bandeau et passepoils rouges. Il sera en émigration l'un des rédacteurs de l'historique des Gardes à cheval.*

7 

7 • *Krasnoié-Sélo, été 1906. Visite de l'Empereur et de l'Impératrice au mess des officiers. Chef du régiment, le souverain en porte la tenue, ici le « kittel » blanc d'été. A sa droite, le général prince Alexandre Iraklievitch Bagration-Moukhransky, né en 1853, commandant du régiment de 1904 à 1906.*

8 

8 • *Photo-souvenir pour les libérables du 3e escadron en 1907. Ces soldats symbolisent les différentes tenues portées au régiment et que l'uniformologue détaillera avec plaisir. Les officiers assis au deuxième rang sont de gauche à droite : N.G. von Poppen, A.E. Krouchtchev, V.V. Biskoupski, chef du 3e escadron, le khan de Nakhitchevan, commandant du régiment de 1906 à 1911, le baron S.K. Fehleisen, A.A. von Benckendorff, F.V. Kataleï, X...*

9

10

9 • *Comme le veut le règlement, les musiciens des cuirassiers ne portent pas la cuirasse. Les superbes pavillons de trompettes, ici de drap rouge galonné d'or, aigle de même, ne sont pas réglementaires, mais d'un usage courant dans la cavalerie.*

10 • *Fête du régiment, 25 mars 1903. L'Empereur, escorté du commandant du régiment de 1901 à 1904, le général Eugène Alexandrovitch Gerngross, salue les étendards du régiment.*

11 • *Anciens étendards sortis à l'occasion de la fête du régiment. A gauche le dernier en service, remis en 1851, jaune à broderies d'or, avec banderole de Saint André et ruban de Saint Georges. Comme on le voit nettement sur cette photographie, les chevaux de l'unité sont noirs.*

11

12 • « Moleben » des Gardes à Cheval et des Chevaliers-Gardes le 6 septembre 1914 à Insterburg, en Prusse Orientale. Tout comme l'Infanterie, la Cavalerie portait ses étendards sur les rangs en campagne : à gauche celui des Chevaliers Gardes, à droite celui des Gardes à cheval.

13 • Les Russes étaient réputés à juste titre comme excellents cavaliers; le Grand duc Dimitri Pavlovitch étant reconnu comme l'un des meilleurs. Il se distingue en 1912 aux Jeux Olympiques de Stockholm en compagnie de l'équipe russe. De gauche à droite Le Grand duc montant « Unité », appartenant alors aux Gardes à Cheval, A. Rodzianko sur « Eros », des Chevaliers Gardes, Selikhov, de l'Artillerie à Cheval (2e batterie), sur « Tugela », et Plietchkov des Cuirassiers de l'Impératrice sur « Cadix ».

14 • Le Grand duc Dimitri Pavlovitch, en uniforme du régiment, dans les rangs duquel il gagna la croix de Saint-Georges pendant la guerre. Cette dernière a été repeinte par l'artiste sur ce portrait datant en fait d'avant-guerre, tout comme la dragonne de la latte, retouchée aux couleurs du ruban de l'ordre, orange et noir...

Cuirassiers de l'Empereur

L'insigne régimentaire, attribué le 20 juin 1909 représente la croix dorée dite « de Preussisch-Eylau », ornée des monogrammes en argent d'Alexandre Ier et de Nicolas II et portant en son centre l'inscription « Victoire à Preussisch-Eylau le 27 janvier 1807 ».

Cette croix, créée le 31 août 1807 après la bataille d'Eylau, considérée comme une victoire par les deux partis, fut attribuée par le tsar Alexandre Ier aux officiers n'ayant reçu ni la croix de Saint-Georges, ni celle de Saint-Wladimir. Elle était portée avec le ruban de Saint-Georges.

• Depuis Pierre III (1742-1762), l'Empereur est Chef du régiment dès son accession au trône, le tsarevitch étant inscrit sur les listes le jour de sa naissance. Sous le dernier règne, le Grand duc Michel Alexandrovitch fit également partie de l'unité depuis le 21 juin 1902.

• Stationné à Tsarskoié-Sélo, le régiment est commandé en 1914 par le général-major Alexandre Fedorovich von Guillenschmidt, né en 1868, ancien élève du Corps des Pages.

2

2 • Le 21 juin 1902, lors de la commémoration du bicentenaire du régiment à Tsarskoié-Sélo, un nouvel étendard de Saint Georges est remis aux Cuirassiers de l'Empereur, en remplacement de celui donné en 1867. Du modèle spécifique des cuirassiers, il est en étoffe jaune à bordure blanche, broderie argent et Sainte Face au naturel. L'emblème est tenu par l'Empereur, en uniforme du régiment (sans la cuirasse). Un genou en terre, devant lui, le général-major Yakov Bodganovitch Projentzov, commandant de l'unité, qui vient d'être nommé à la Suite Impériale. L'étendard est béni par le père A.A. Jelobovski, aumônier général de l'Armée et de la Marine russes.

3 • Le timbalier du régiment.

3

4 • *A l'occasion du jubilé de 1902, le Grand duc Michel Alexandrovitch est inscrit sur les listes du régiment (il appartient déjà aux Cuirassiers de l'Impératrice).*

5

5 • *Le capitaine en second Youri Nicolaevitch Lichine, entré aux Cuirassiers de l'Empereur en 1900, cornette à l'escadron de Sa Majesté en 1907 (monogramme sur les pattes d'épaule). Il porte sur sa poitrine l'insigne de jubilé du régiment attribué en 1902 aux officiers servant à cette époque. Le capitaine Lichine tombera glorieusement en 1914.*

6

6 • *L'étendard, accompagné de l'aide de camp régimentaire, est présent à la cérémonie religieuse à l'occasion de la fête de l'unité, ici devant le palais de Tsarskoié-Sélo.*

7

8

7 • Impressionnante vue plongeante des quatre régiments de Cuirassiers de la Garde, formant les deux premières des trois brigades de la 1re division de cavalerie. Cette photographie fut prise à l'occasion de la célèbre « parade de mai », qui eut lieu chaque année jusqu'en 1905.

8 • Le cornette marquis Delly-Albitsi, ici en grande tenue avec cuirasse, portant le casque doré surmonté de l'aigle d'argent. Pendant la guerre, il commandera la section de mitrailleuses du régiment.

Cuirassiers de l'Impératrice Marie Feodorovna

L'insigne régimentaire, adopté le 30 mars 1913, fut dessiné par le lieutenant Gontcharenko. Il représente une croix de Malte émaillée bleu-ciel bordée de blanc, sur laquelle se détache une étoile de Saint André argentée frappée du monogramme doré de Pierre le Grand.

Intéressante série montrant la visite des souverains au régiment, à l'occasion de la fête de ce dernier, vraisemblablement en 1907 (1-10).

1

1 • L'Empereur, en tenue du régiment, arrive devant le palais de Gatchnia, suivi des Impératrices, installées dans une voiture attelée à la Daumont.

• L'origine de cette unité remonte au régiment de Dragons de Portès, constitué le 26 juillet 1704 par le boïard Tikhon Strechnev, homme de confiance de Pierre le Grand. Transformé en régiment de cuirassiers le 21 juillet 1733, il portera successivement les noms de Leib-cuirassiers, cuirassiers du général en chef Korff (1762), cuirassiers de l'Impératrice (1796), cuirassiers du Grand duc héritier (1831). Il devient « régiment de Cuirassiers de l'Impératrice » le 19 février 1855 et passe l'année suivante dans la Garde. Le 22 juillet 1884, il obtient les privilèges de la Vieille Garde et, le 2 novembre 1894, reçoit le nom de « L.G. Cuirassiers de Sa Majesté l'Impératrice Marie Feodorovna », impératrice douairière, veuve d'Alexandre III et mère de Nicolas II.

• Le régiment prend part aux guerres contre la Suède de 1706 à 1713, en 1742, puis à la guerre de Sept Ans de 1758 à 1761. Viennent ensuite la guerre contre la Turquie en 1789, la campagne de Suisse en 1799 sous les ordres de Korsakoff, puis les guerres napoléoniennes : Austerlitz en 1805, Borodino, Kliastits et Polotzk en 1812, Lützen, Bautzen et Leipzig en 1813, Bar-sur-Aube, La Fère-Champenoise et la prise de Paris en 1814. Depuis cette date et jusqu'à la première guerre mondiale, en 1914, les Cuirassiers de l'Impératrice, curieusement, n'apparaîtront plus sur aucun champ de bataille.

• Le 9 mai 1904, le régiment reçoit un étendard ordinaire avec banderole de Saint André portant les dates « 1704-1904 ». Il possède également un ruban spécial portant les dates « 1733-1833 », commémorant le centenaire de sa transformation en régiment de cuirassiers et remis le 9 janvier 1861.

L'unité a en outre reçu un grand nombre de trompettes honorifiques : 6 trompettes d'argent avec l'inscription « Anno 1764 », 3 autres portant celle de « 1798 » pour transmettre les commandements, 5 autres enfin ornées du monogramme de Paul Ier. Il possède, depuis 1813, 22 trompettes de Saint Georges avec l'inscription « Pour distinction lors de la défaite et l'éviction de l'ennemi hors de Russie en 1812 - L.G. régiment de Sa Majesté ». A ces récompenses, il faut ajouter les timbales et 20 trompettes d'argent accordées le 21 juillet 1733 à l'occasion de la transformation du régiment, et 12 nouvelles trompettes et timbales données en 1764 ainsi que 230 cuirasses argentées datant de 1798.

• La fête du régiment a lieu le 9 mai, jour de la Saint Nicolas le Thaumaturge.

• Ancienneté : 26 juillet 1704.

• Type physique réglementaire : grande taille, brun, peau mate.

• L'Impératrice douairière Marie Feodorovna est Chef du régiment depuis le 31 mai 1880; le futur Nicolas II sera inscrit sur les listes le 22 juillet 1880 et le tsarevitch Alexis le 30 juillet 1904.

• Stationné au Palais de Gatchina, résidence d'Alexandre III au début de son règne, aux environs de Saint-Pétersbourg, le régiment est commandé en 1914 par le général-major Pierre Ivanovitch Arapov, ancien élève du Corps des Pages.

2 

2 • La suite impériale s'avance précédée par le Grand duc Nicolas Nicolaevitch, en petite tenue des Hussards de la Garde. Le régiment est aligné en grande tenue le long des bâtiments; à l'extrême droite, à pied, les enfants du régiment.

3 

3 • Tandis que l'Empereur s'entretient avec le baron Frederiksz, la voiture des Impératrices s'arrête, saluée à la fois par l'officier de service, avec le sabre, et avec la main, à droite, par le commandant du régiment depuis février 1901, le général major Christophor Platonovitch von Derfelden (1851-1909).

4 

4 • Le « moleben » ou service religieux se termine, célébré au centre de la cour par le pope régimentaire; tous les hommes, qui s'étaient découverts, s'apprêtent à recoiffer leur casque, tandis que s'éloignent l'impératrice Alexandra Feodorovna (à gauche), et sa belle-mère l'impératrice douairière Marie Feodorovna (à droite). Un tapis a été posé sur le sol pour protéger les robes des Majestés et celles des officiants. A l'extrême droite, un cosaque de l'escorte; dans son dos le gland du cordon de révolver particulier à cette unité.

5

5 • Après le « moleben », les souverains se retrouvent près d'une petite table recouverte de « zakouskis ». L'Empereur boit à la santé du régiment, chaque soldat recevant à cette occasion un petit verre de vodka « riumka vodki ».

6

6 • L'Impératrice douairière s'approche à son tour de la table, saluée militairement par l'Empereur car elle est « chef » du régiment. Par contre, l'officier debout à droite la salue civilement, s'inclinant après avoir ôté son casque.

7

7 • L'Empereur salue l'étendard du régiment, qui s'avance précédé du lieutenant Plietchkov, aide de camp régimentaire, rendant son salut à Nicolas II. A l'arrière-plan, le premier rang des cuirassiers approche; les hommes portent la lance, dont les hampes, peintes en bleu clair, sont ornées d'une flamme bleu clair et jaune.

8

8 • Les escadrons défilent devant l'Empereur et les deux Impératrices.

9

9 • Les escadrons rangés en ligne, précédés des anciens étendards, que l'on sortait pour les fêtes du régiment.

10

10 • Défilé en colonnes, toujours précédées des étendards, avec au centre de la cour, la musique.

11

11 • Le général major baron Rausch von Traubenberg, commandant le régiment en 1900. Ancien élève du Corps des Pages, il était chef d'état-major de la Garde avant de prendre la tête des Cuirassiers de l'Impératrice. Il est ici en grande tenue, sans la cuirasse. La couleur distinctive du régiment, bleu-clair, vaut à celui-ci le surnom de « Cuirassiers bleus ». Le galonnage et le casque sont dorés.

13

13 • Un lieutenant aide de camp, avec ses aiguillettes de fonction, argent. La cocarde, aux couleurs des Romanov, est portée sur le côté droit des casques russes.

12

12 • Le sous-lieutenant Youri Petrovitch Aprelev, en 1908, né en 1889, ancien élève du Corps des Pages, dont le père avait été assassiné deux ans auparavant par les révolutionnaires dans sa propriété de Sotchi, au Caucase. Le jeune officier est ici en grande tenue à cheval, mais hors rangs : absence du revolver. La cuirasse est en laiton doré, avec cordon bleu clair.

14

14 • *L'étendard remis au régiment le 9 mai 1904. Il est du modèle spécifique aux cuirassiers, c'est-à-dire accroché horizontalement à la hampe. Le tissu est bleu ciel, à broderies dorées et à bordure blanche. Au centre, la Sainte Face surmontée de l'inscription « Dieu avec nous ». Contrairement aux troupes à pied, les porte-étendards de cavalerie portent un baudrier à couleur régimentaire distinctive, ici bleu clair avec franges et galons en « zig-zag » doré, suivant la couleur du bouton.*
Chef du détachement : lieutenant M.M. Plietchkov; porte-étendard : V.G. Bazdiriev; assistants : lieutenant N.V. Kordachevski (à gauche) et sous-lieutenant N.N. Abakanovitch (à droite).

1:

15 • *Le « litavrchtchik » ou timbalier du régiment, amplement barbu, comme le veut la tradition des timbaliers de cuirassiers. Les timbales sont recouvertes d'un tablier bleu clair à galonnage or; sur les six festons de chaque tablier, l'étoile de Saint André alterne avec le monogramme de l'impératrice douairière Marie Feodorovna. Quand il joue, le timbalier dirige son cheval au moyen de courroies que l'on distingue ici accrochées à la partie supérieure de l'étrier.*

16

16 • *Le futur général Ieropkine, monté sur un splendide cheval alezan, couleur de la robe des montures du régiment. On notera que dans la cavalerie russe, il n'existe pas de bride allant jusqu'à la queue du cheval. Ieropkine est en petite tenue d'hiver, le manteau porté — comme le veut la tradition des cuirassiers — sous la cuirasse. La chabraque est du modèle « cuirassier », bleu-clair à galon or et bande centrale bleu et étoile de Saint André, ici peu visible.*

17

17 • *Deux sous-officiers en grande tenue à pied (sans cuirasse), conformes au type physique prescrit pour le régiment : grands, bruns, mat. La latte du modèle 1826 est la parfaite copie du modèle français du premier empire.*

18 • *Bicentenaire du régiment, en 1904. Les anciens uniformes ont été sortis des musées ou reconstitués avec une grande exactitude. L'Impératrice douairière est au centre de la photographie, avec son fils Nicolas II derrière elle; ils sont entourés des officiers du régiment, de leurs épouses et de nombreux anciens officiers des Cuirassiers.*

18

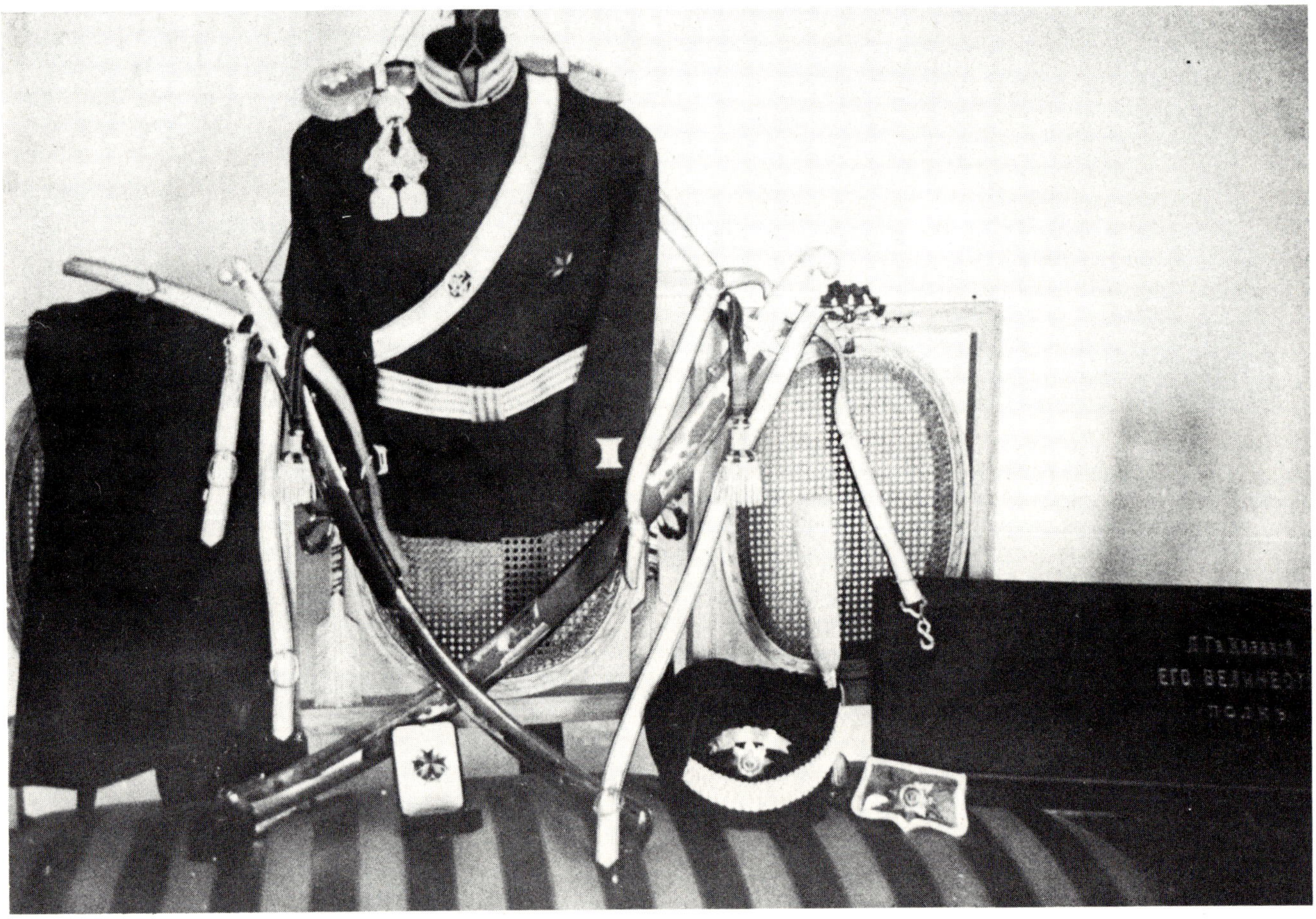

1

1 • Tenue complète d'officier du régiment comprenant même deux « klitch » : ce splendide ensemble, qui ferait aujourd'hui rêver tout collectionneur de souvenirs militaires impériaux, fut offert par le régiment au Tsarevitch en 1912.

5

6

6 • Réunis dans une vitrine du Musée Royal de l'Armée à Bruxelles, quelques-uns des plus précieux souvenirs du régiment : au milieu d'anciens étendards (noter les housses dans lesquelles drapeaux et étendards étaient normalement conservés), les 22 trompettes d'argent remises en récompense de la campagne de 1813.

5 • Le « Khorounji » (sous-lieutenant) Serge Wladimirovitch Ivanov-Divov, de la promotion 1911 de l'Ecole de Cavalerie Nicolas, affecté successivement à la 2e puis à la 6e sotnia.
Il porte l'uniforme adopté le 13 octobre 1910 et comprenant le nouveau bonnet de mouton noir à flamme rouge, cordons et raquettes argent, plumet blanc. Cette tenue de parade est d'étoffe rouge à galonnage argent, mais l'intérêt principal de cette photo réside dans le parfait détail du « klitch », ou sabre à la turque, propre au régiment. En effet, lorsque en 1909, l'Empereur autorise les cosaques à porter leurs armes de famille héréditaires au lieu des sabres réglementaires, il s'ensuit une telle confusion que les chefs de corps de la Garde décident d'adopter un seul modèle de parade par régiment ! Celui des cosaques de l'Empereur est « à la Mameluke », monture argentée et fusée en ivoire blanc. Le fourreau est recouvert de maroquin rouge à garnitures argent. Le « klitch » est orné de la dragonne réglementaire de cavalerie.

7

7 • L'état-major du régiment et la musique vers 1902-1903, avec les pavillons de fanfare bien en évidence. L'amateur d'arme remarquera les shashkas à garde semi-réglementaire (la garniture supérieure recouvre une grande partie de la fusée) avec dragonne d'infanterie pour l'officier debout à gauche, alors que comme cosaque de la Garde il devrait porter une dragonne de cavalerie… !?

8 

9 

10 

8 • Le cosaque Alexeiev en 1911. Appartenant à la sotnia « de Sa Majesté » il est ici en tenue ordinaire avec la veste bleu foncé à passepoils rouges, sur laquelle se détache la cartouchière de poitrine propre aux cosaques mais qui, pendant la guerre, sera également donnée à l'infanterie. Il est armé du fusil modèle 1891 dit « Mossine-Nagant », spécifique aux cosaques, plus court que celui de l'infanterie et dépourvu de baïonnette, contrairement à l'usage dans la Cavalerie.

9 • L'adjudant-chef Strepikov en 1911. Engagé volontaire pendant la guerre russo-japonaise, il y gagne une impressionnante brochette de décorations, dont les quatre croix de Saint-Georges. Porte-étendard du régiment pendant la guerre de 1914, il deviendra moine en émigration. On remarque la dragonne d'officier à laquelle lui donne droit son grade d'adjudant-chef.

10 • Le Grand duc Nicolas Nicolaevitch en 1914. Il porte l'uniforme modifié le 23 janvier 1914 avec au col et aux parements, des broderies spéciales du modèle en usage sous Alexandre Ier. Son plumet de général est en fines plumes blanches, oranges et noires, dont la base est constituée par un tube cônique en métal orné de l'aigle bicéphale. Il porte le « charivari » bleu à double bande et passepoils rouges et l'on distingue, sur la croisée de son Klitch, une croix de Saint-Georges miniature. Le peintre Roudaltsev s'inspirera de cette photographie pour exécuter en émigration un portrait resté célèbre parmi les Russes.

1

11 • Commémoration du centenaire de la bataille de Leipzig en 1913. Photographie souvenir des officiers en activité et de nombreux anciens (en civil ou en uniforme de fonctionnaire, dont un en tenue de ministre!) au cercle des officiers à Saint-Pétersbourg.
1) Vassilkovski, 2) Serdioukov, 3) Pototski, 4) Oupornikov, 5) Ivan Davydovitch Orlov, commandant du régiment, 6) Chtcheglov, 7) Bokov, 8) Teliakovski, 9) Bezladnov, 10) Ivan Ivanovitch Farafonov (père), 11) Andro, 12) Zalatarev (?), 13) Berladine (?), 14) Kononov, 15) Ivanov, 16) Nicolas Balabine, 17) Narychkine, 18) Farafonov fils (futur commandant du régiment), 19) Simon Nicolaevitch Krasnov, 20) Serino, 21) Alexandre Mitrofanovitch Grékov, 22) Nomikossov, 23) Eugène Balabine, 24) Pozdeev, 25) Diomine, 26) Opritz (futur fondateur du musée en France), 27) Voronine, 28) Polkovnikov, 29) Tcherimchanski, 30) Chyrokov, 31) Sivers.

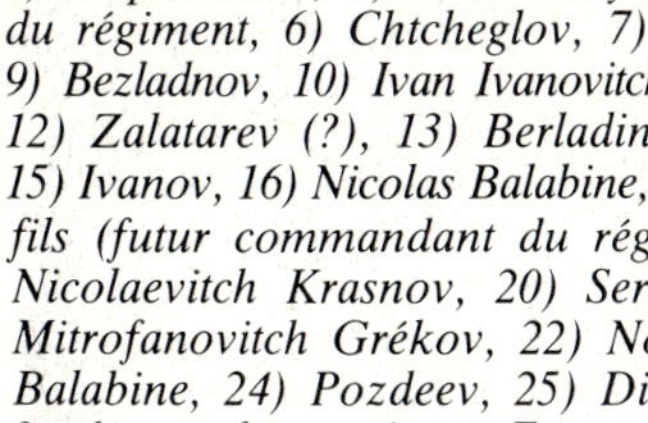

12

12 • Le comte Michel Nicolaevitch Grabbe, ancien élève du Corps des Pages. Aide de camp du régiment de 1896 à 1898, général de la Suite en 1914 après avoir commandé le régiment des cosaques combinés, il sera élu Ataman des cosaques du Don en émigration. On remarque, sur la banderole de giberne argent, le monogramme impérial sur fond bleu foncé, encadré de feuillages. Les deux frères du comte Grabbe servirent également aux Cosaques de Sa Majesté.

13 • Splendides chandeliers en argent appartenant aux Cosaques de l'Empereur. Ils représentent des cosaques du régiment portant les uniformes correspondants aux différents règnes.
1) A gauche : époque de Catherine II; à droite : époque d'Alexandre Ier.
2) A gauche : époque de Nicolas Ier; à droite : époque d'Alexandre II.

Régiment Atamanski

L'insigne régimentaire, créé le 9 avril 1910, représente une plaque de shako modèle 1828 en argent, surmontée de la croix polonaise dorée de l'ordre Virtuti Militari. Au bas de l'insigne, la lettre « A » également dorée.

1 • Le tsarevitch Nicolas Alexandrovitch, futur Nicolas II, en uniforme du régiment Atamanski, photographié vers 1889. Inscrit dès sa naissance, le 6 mai 1868, sur les listes du régiment, il en devient le Chef le 2 mars 1881, à l'avènement de son père, Alexandre III, et le restera jusqu'à son propre avènement, le 2 novembre 1894.
Il porte ici la tenue adoptée en 1882, bleu ciel à galonnage argent, et comme d'habitude chez les cosaques sans boutons apparents. La banderole de giberne est argent à liserés bleu ciel, et est ornée du monogramme de l'Empereur, entouré de feuillages. Le tsarevitch arbore la croix de l'ordre grec du Rédempteur (2e type).

• Le 14 février 1775, l'Impératrice Catherine II décide de créer une unité de cosaques devant servir de modèle pour les autres régiments, et placée directement sous le commandement de l'Ataman des cosaques du Don, alors le célèbre Alexei Ivanovitch Ilovaïski (1742-1796). Mise sur pied le 20 avril 1775, l'unité, exclusivement composée de jeunes cosaques, reçoit le nom de « Régiment de l'Ataman des cosaques du Don ».

Son histoire est alors jalonnée de nombreuses dates. Le 2 octobre 1827, le Grand duc Héritier Alexandre Nicolaevitch étant nommé Ataman de toutes les unités cosaques, le régiment prend le nom de « Régiment de Cosaques Ataman de Son Altesse Impériale l'Héritier », et le 4 janvier 1829, il est rattaché à la Garde. En 1831, lorsque l'Héritier du trône reçoit le titre de « Tsarevitch », le régiment prend le 29 août le nom de « Régiment de cosaques Ataman, de Son Altesse Impériale le Tsarevitch héritier ».

Le 8 mars 1832 lui est rattachée une sotnia de l'Oural et, en 1855, il devient le « Leib-Ataman de Son Altesse Impériale le Tsarevitch héritier ». Le 14 octobre 1874, une moitié du régiment forme avec la 1re division des cosaques de l'Empereur le « L.G. régiment combiné de cosaques »; trois ans plus tard, le 19 juillet 1877, la deuxième division (demi-régiment) de l'unité sert de même à former le 2e régiment combiné des cosaques de la Garde. Enfin, le 13 mars 1884, le régiment prend son nom définitif de « L.G. régiment Atamanski de Son Altesse Impériale le Tsarevitch héritier ».

Ayant reçu le 8 septembre 1859 les privilèges de la Jeune Garde, le régiment se verra octroyer ceux de la Vieille Garde le 17 avril 1878 en récompense de sa bravoure au cours de la guerre contre la Turquie.

• L'Atamanski a participé à de très nombreuses campagnes : en 1783 contre les Tatars Nogaï, en 1788 contre les Turcs, il est au siège et à la prise d'Otchakoff, en 1789 à celle de Bender et en 1790 à l'assaut d'Izmaïl. Il se couvre de gloire durant les guerres napoléoniennes en 1807 à Eylau, Landsberg, Gutstadt, Heilsberg et Friedland; engagé sur le Danube contre les Turcs il combat en 1810 sous les ordres de l'Ataman Platoff et est à la prise de Razgrad et de Batine. En 1812, sous le même chef, il combat à Smolensk, Borodino, Mojaïsk, Taroutino, Malo-Iaroslavetz, Viazma, à nouveau Smolensk, Krasnoié, Orcha, la Bérézina, Vilna et Kovno. En 1813, il est à Lepzig, Weimar, Erfurt et Hanau et, en 1814, il entre dans Paris.

Les campagnes suivantes seront celles contre les Turcs en 1828 (prise de Varna), de Pologne en 1831 et 1863, de Hongrie en 1849, et enfin de Turquie en 1877-1878.

• Il reçoit en 1814 non un étendard, mais un drapeau de Saint Georges avec une inscription distinctive. En 1860, lui est remis cette fois-ci un étendard de Saint Georges avec banderole de jubilé. Le dernier étendard, remis le 20 avril 1875, porte pour inscriptions : « Pour distinction lors des guerres contre les Français en 1812, 1813 et 1814 » et « 1775-1859-1875 ».

La plaque de distinction, accordée le 6 décembre 1831, porte « Pour Varsovie les 25 et 26 août 1831 ».

• La fête du régiment a lieu le 23 novembre, jour de la Saint Alexandre Nevski.

• Ancienneté : 20 avril 1775.

• Type physique réglementaire : blond, portant barbe.

• Le Tsarevitch est Chef du régiment dès sa naissance.

• Stationné à Saint-Pétersbourg, le régiment est commandé en 1914 par le général-major de la Suite Serge Wladimirovitch Evreïnov (1864-1914), auquel succède le Grand duc Boris Wladimirovitch (mars 1914-novembre 1915).

2

2 • L'étendard et sa garde, vers 1900.
La papakha noire, adoptée en 1881, comporte un fond de drap bleu ciel. On peut remarquer les cartouchières de poitrine typiques des unités cosaques. La ceinture blanche de grande tenue, adoptée en 1883, est pour la troupe en coton. Le porte-étendard possède une belle brochette de prix de tir, représentés par des fusils croisés portés sur le côté gauche de la poitrine; on distingue parfaitement la forme de la hampe des étendards russes ainsi que la tringle servant à accrocher le mousqueton de la bretelle de cuir pendant au baudrier bleu-ciel à galons d'argent.

3

3 • « Aliocha », a signé ce jeune engagé volontaire au bas de cette excellente photographie datée du 1er septembre 1911. Son « état » de volontaire est marqué par la tresse blanc-orange-noir bordant les épaulettes à écailles métalliques. Le bonnet de mouton noir adopté le 13 octobre 1910 est orné d'une flamme bleu ciel et d'un cordon avec raquettes orange; l'habit bleu ciel a désormais les parements en pointe.

4

4 • Rassemblés autour du monument élevé au héros des cosaques, le célèbre Ataman I.P. Baklanov, voici photographiés le 14 mars 1909 les cosaques du régiment Atamanski et ceux de la 6ᵉ batterie du Don, rattachée à l'artillerie à cheval de la Garde.
Né en 1809, mort en 1873, Baklanov fut nommé plusieurs fois, en raison de sa légendaire bravoure, « Ataman de campagne ». Les Caucasiens le surnommèrent « Chaïtan » (Satan) et son fanion, représenté sur le monument, de couleur noire, était orné d'un crâne et de deux tibias avec l'inscription « Je crois à la Résurrection de la chair, à la vie éternelle, ainsi soit-il ». Cet étendard, qui semait la terreur — est-il besoin de le dire — parmi les Tchetchènes au Caucase, fut remis par l'Empereur Nicolas II au 17ᵉ Cosaques du Don qui portait le nom de « Baklano ».

6

6 • Maréchal des logis (« Mladchi-ouriadnik ») en tenue modèle 1882-1910. Il porte des tresses en cordon jaune orangé au lieu de pattes d'épaule, sur lesquelles, pour la troupe, les grades sont indiqués par des coulants blanc-orange-noir; les sous-officiers ont en outre un galon argent au col et aux parements.

5

5 • Fête de la 4ᵉ sotnia le 9 mai 1914. L'aumônier célèbre l'office en présence du Grand duc Boris Wladimirovitch. Aux côtés du diacre, les chanteurs de la Sotnia et, à gauche, la musique régimentaire.

7

7 • Le lieutenant W.W. Andrianov, en grande tenue modèle 1910, bleu ciel à galonnage argent. On distingue la giberne, du même modèle que pour les autres régiments de cavalerie de la Garde, alors que les cosaques de la Ligne possèdent un modèle particulier en cuir.

8 • Manœuvres en mai 1914 : le régiment traverse le village de Pulkovo ; en tête, la 3ᵉ sotnia et l'étendard, porté par le starchi-ouriadnik (maréchal des logis-chef) A. Savostiénov.

8

9

9 • L'Impératrice en visite chez les cosaques de l'Atamanski début juillet 1914. Les officiers sont en vareuse kaki d'été à poches et parements passepoilés de bleu ciel. Parlant avec la souveraine, de gauche à droite : colonel Abramov, colonel Sazonov, Khoroundji Kirianov.

10
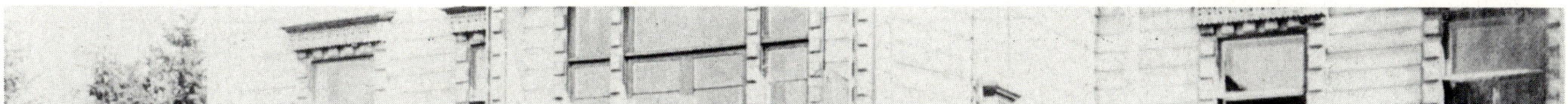

10 • Mai 1914 : devant le club des officiers, au camp de manœuvres, le Grand-duc Boris Wladimirovitch pose au volant de sa superbe voiture. A droite son chauffeur, Memian.

11 

11 • Autre aspect de la vie en maœuvres à quelques mois de la guerre : de gauche à droite, debout :W.W. Andrianov, W. Kirianov, Chek (en civil !) ; assis : I.N. Tcherevkov, I.I. Plene, D.N. Sazonov, A.M. Abramov et N.N. Tcherevkov.

12 

12 • Petrograd, décembre 1915, le régiment est au repos. Le Grand duc Boris Wladimirovitch, nommé ataman de tous les régiments cosaques du front, transmet le commandement de l'Atamanski à son adjoint, le général Sazonov.
De gauche à droite :
Allongés : Koumchatski, Frolov, Youri Grekov, Zverev.
Assis : Tchirkov, Piotr Grekov, Plene, le général de la Suite Sazonov, le Grand duc Boris, colonel T.W. Mikhaïlov, colonel N. Tcherevkov, colonel Alexandrine, aumônier Bogomoletz.
Debout 1er rang : Andrianov, Matveiev, Gr. Grekov, Kargalski, aide de camp Khripounov, Elisseiev, Mironov, Jorov, Ouchakov, Rodionov, Tchebotarev.
Debout 2e rang : docteur… (?), Klevtzov, Semenov, maître armurier Khorochkine, secrétaire Golovkov, Vasiliev, vétérinaire Bystrov, Zakharov, Ilovaïski, K. Greko.
Debout 3e rangs : Roudakov, W. Voïnov, Iégorov, Roubachkine, Khripounov, médecin-chef Alexeiev, Popov, Vassili Mikhaïlov, X… fonctionnaire régimentaire.
Absents : Konkov et Ivanov.

Régiment combiné de cosaques

L'insigne du régiment, créé le 4 octobre 1912, représente deux masses de commandement d'Ataman, entourées d'un ruban bleu ciel et surmontées d'une couronne dorée. La Sotnia de l'Oural possède un insigne propre, créé le 20 juin 1906, représentant le monogramme de Nicolas II entouré de feuillage et surmonté d'un aigle bicéphale, le tout argent, accompagné de deux masses croisées, or et noir. Sur la poitrine de l'aigle, un écu rouge porte le monogramme de Paul Ier. Ruban rouge avec les dates : 5 septembre 1798-1898.

*1 • Le tsarevitch Alexis en uniforme du régiment combiné de cosaques en 1913.
Il porte ici la grande tenue hors-rangs de la Sotnia de l'Oural, adoptée en 1910, de coupe semblable aux deux autres régiments de cosaques de la Garde, chaque unité conservant ses couleurs distinctives pour la flamme de la papakha, la casquette, l'habit de parade et les pattes d'épaule, désormais passepoilées de blanc tout comme les parements en pointe. Seul le galonnage argent reste commun à tous.
Couleurs distinctives :
Sotnias de l'Oural et Sémirétchié : framboise.
Sotnia d'Orenbourg : bleu-céleste.
Demi-Sotnia de Sibérie : rouge.
Sotnias d'Astrakhan, Pri-amourié, Transbaïkal, Amour et Oussouri : orange.*

• Le 27 mai 1906 est mis sur pied un régiment de cosaques où sont représentées les différentes armées cosaques des steppes : une sotnia de cosaques de l'Oural, une d'Orenbourg, une demi-sotnia de Sibérie, un peloton Sémirétchié (les sept rivières), un peloton d'Astrakhan, une demi-sotnia Pri-Amourié, un peloton du Transbaïkal et peloton Oussouri. La première sotnia, celle de l'Oural, est formée à partir de celle, du même nom, appartenant à la Garde.

L'origine de cette sotnia de l'Oural remonte au 4 septembre 1798, date à laquelle est formée à Gatchina, sous Paul 1er, la Leib-sotnia de l'Oural. Le 6 avril 1830 elle reçoit les privilèges de la Jeune Garde et devient escadron le 25 septembre 1846 avant d'être promue, l'année suivante, « division de cosaques de l'Oural de la Garde » (le terme « division » correspond ici à un demi-régiment). Le 17 avril 1864 l'Empereur Alexandre II est inscrit sur les listes du régiment et l'année suivante, le 29 mai 1865, jour de la naissance du tsarevitch Alexandre, ce dernier y est inscrit à son tour. L'unité va changer encore quatre fois d'appellation au cours des années suivantes : le 6 mars 1868, elle reprend celle « d'escadron des cosaques de l'Oural » et reçoit les privilèges de la Vieille Garde le 15 mai 1883. Le 14 mars 1891 : nouveau nom : « L.G. Sotnia de cosaques de l'Oural » et, le 2 janvier 1899, lorsque Nicolas II en devient Chef, l'unité devient « L.G. Sotnia de Cosaques de l'Oural de Sa Majesté ». Enfin, le 9 août 1906, elle prend le nom qu'elle conservera jusqu'à la Révolution : « 1re Sotnia de l'Oural, de Sa Majesté, du régiment combiné des cosaques de la Garde ».

• L'unité participe en 1805 à l'expédition contre le Hanovre, en 1808-1809, elle prend part à la guerre contre la Suède en Finlande, et, en 1863, un demi-escadron se distingue pendant la campagne de Pologne.

• Le 9 août 1906, le régiment reçoit un étendard ordinaire portant l'inscription « 1798-1883-1898 » et la banderole de Saint André qui avait été remise à la Sotnia de l'Oural le 2 janvier 1899. Sur l'avers est représentée l'icône de Saint Evtikhi. La « skoba », bague de cuivre fixée sur la hampe juste au-dessous de l'étoffe porte l'inscription « 1906 - L.G. régiment combiné de cosaques ».

• La fête du régiment a lieu le 6 avril, jour de la Saint Evtikhi.

• Type physique réglementaire : Toutes couleurs de cheveux, avec la barbe.

• L'Empereur Nicolas II, inscrit sur les listes de la Sotnia de l'Oural, est Chef du régiment et son fils, le tsarevitch Alexis, inscrit dès sa naissance, sur les listes de cette même sotnia, est inscrit le 6 avril 1907 au régiment combiné.

• Stationné à Pavlovsk, près de Saint-Pétersbourg, le régiment est commandé en 1914 par le général-major de la Suite comte Grabbe.

2

2 • Détachement de la Sotnia de l'Oural en habit framboise, galonné d'argent pour les officiers, et orné de tresses jaunes (Vieille Garde) pour les hommes depuis 1887. On remarque la papakha à poils longs propre à cette sotnia, adoptée en 1891, suivant le modèle en usage dans l'armée de l'Oural. L'étendard est de couleur framboise brodé d'argent avec icône de Saint Evtikhi. Si l'aigle est du modèle ordinaire de la Garde (1857), la hampe est par contre d'un modèle inhabituel.

3

3 • Lors du voyage du Président de la République Française Félix Faure en Russie en août 1897, l'escorte est assurée par la Sotnia de l'Oural. Le Président fut enchanté de sa visite qui contribua au renforcement de l'Alliance Franco-Russe déjà amorcée sous Alexandre III.

4

4 • Fête régimentaire conjointe de la Sotnia de l'Oural et du régiment Grenadierski, célébrée à Tsarskoïé Sélo en présence de l'Empereur et du Grand duc Nicolas Nicolaevitch, respectivement immédiatement à droite du groupe de prêtres et au centre de la photographie.

5

5 • « Mladchi-ouriadnik » (maréchal des logis) de la Sotnia de l'Oural, en « Tchekmen » ou redingote bleu-foncé, à passepoils et pattes d'épaule framboise portant le monogramme d'argent de l'Empereur. Il existe également un vice-moundir, de même coupe que l'habit de grande tenue, mais bleu-foncé pour tous, à passepoil de couleur distinctive au col et blanc aux parements (1914).

6

6 • L'Ataman du Don Afrikan Bogaievski, successeur pendant la Guerre civile du célèbre Ataman Krasnov. Il porte sur la poche gauche de sa vareuse l'insigne du régiment combiné des cosaques et, au-dessus, la croix de Saint-Georges (de soldat) et l'insigne commémoratif de la première campagne des Armées blanches, dite « campagne des glaces ».

7 • Prisonniers allemands en 1915, sous la garde de cosaques du régiment combiné. Ces derniers portent autour du cou le « bachlyk », typiquement russe, à longs pans portés croisés sur la poitrine ou enroulés autour du cou, efficace contre le grand froid.

Grenadiers à cheval

L'insigne régimentaire, adopté le 8 juin 1903, représente la croix de Kulm (Croix de Fer) émaillée noire et bordée d'argent, dont le centre est chargé d'une grenade dorée et les angles des monogrammes dorés des Empereurs Alexis Mikhailovitch, Alexandre Ier, Nicolas Ier et Nicolas II.

Un insigne jubilaire fut créé en 1906.

1 • 9 juin 1902, fête du régiment. Parade à Peterhof, au cours de laquelle sont présentés les anciens étendards, encadrés à gauche par le lieutenant Anatole Yakovlevitch de Witt et à droite par le lieutenant Wladimir Alexandrovitch von Schultz. Au fond, le 4ᵉ escadron est aux ordres du rotmistr A.N. Ivachkine.
Six sous-officiers portent les étendards. De gauche à droite : vakhmistr du 1ᵉʳ escadron K.I. Maslenikov, vakhmistr du 2ᵉ escadron Cheboldas, vakhmistr V.D. Sinegoubkine, vakhmistr du 4ᵉ escadron Chinkarenko, vakhmistr du 3ᵉ escadron A.E. Barmine, vakhmistr du 6ᵉ escadron D.S. Poliakov.

• Ce régiment est créé le 12 décembre 1809 par dédoublement du régiment de Lanciers du Grand duc Constantin, sous le nom de « Dragons de la Garde », et est incorporé à la Jeune Garde avant de passer, en 1814, dans la Vieille Garde. Il prend l'appellation de « L.G. Grenadiers à cheval » le 6 décembre 1831.

• En 1812, il participe à la campagne de Russie et combat à Borodino, Taroutino, Krasnoié, Polotzk et la Bérézina; en 1813, il est en Allemagne, à Lutzen, Bautzen, Kulm, Leipzig; en 1814, campagne de France avec la Fère-Champenoise, Villers, Sézanne et la prise de Paris. Il prend part ensuite en 1828 à la campagne de Turquie et à la prise de Varna; en 1831, à la pacification de la Pologne; en 1849, à la campagne de Hongrie sans être engagé, et, en 1877-1878, à la guerre russo-turque avec Vrats, la traversée du Danube et des Balkans, Philippopol et la prise d'Adrianople.

• Il reçoit en 1813 les étendards de Saint Georges avec l'inscription « Pour distinction lors de la défaite et l'éviction de l'ennemi hors de Russie en 1812 », et les dates « 1803-1903 » ajoutées en 1903. Le 27 juin 1851, il reçoit les banderoles de Saint André et trois nouveaux étendards, dont celui du 1er groupe d'escadrons sera toujours porté sur les rangs en 1914. Ces emblèmes sont jaunes, à carrés verts et broderies or. Le régiment possède en outre 22 trompettes de Saint Georges, accordées le 30 août 1814 et portant l'inscription « Pour bravoure contre l'ennemi à la Fère-Champenoise le 13 mars 1814 ».

La plaque de distinction de coiffure, accordée le 6 janvier 1879, porte « Pour la prise de la ville de Vrats le 27 octobre 1877 ».

Son appellation de « Grenadiers » et sa tenue spécifique furent accordées au régiment en récompense de sa bravoure lors de l'insurrection polonaise de 1831.

• La fête du régiment a lieu au début du mois de mai, le 9e dimanche avant Pâques.

• Ancienneté : 16 mai 1651.

• Type physique réglementaire : brun, portant moustache (sans barbe).

• Le Grand duc Michel Nicolaevitch sera Chef du régiment jusqu'au 5 décembre 1909 et le Tsarevitch Alexis lui succède en 1910. Les Grands ducs Michel Alexandrovitch et Dimitri Constantinovitch y servirent, le second le commandant même à partir de 1896.

• Stationné à Peterhof, le régiment est commandé en 1914 par le général-major de la Suite prince Dolgoroukov.

2

2 • *Le 10 mai 1902, le 1er escadron attend stoïquement sous la pluie, aligné sur le quai de la gare de Peterhof, l'arrivée du Président de la République Française, Emile Loubet. Le Grand duc Dmitri Constantinovitch, général-major, commandant du régiment depuis le 14 mai 1896, passe devant le front de ses hommes, accompagné du rotmistr Iossif Loukitch Issarlov (futur colonel des Grenadiers puis, en 1914, commandant du 8e régiment des dragons d'Astrakhan).*

3

3 • *Quelques instants plus tard, ayant abandonné leurs capotes, coiffés non du casque mais de la casquette sans visière recouverte d'une housse blanche à bandeau rouge, les Grenadiers présentent les armes. Le Président Loubet est entouré de gauche à droite par le Grand duc Dmitri Constantinovitch, le rotmistr Issarlov, le général-lieutenant Scalon, chef de la 2e division de cavalerie de la Garde (à laquelle appartient le régiment) et le Tsar, ici en tenue d'officier de marine.*

4

4 • *A l'occasion de la visite du Président Loubet, les grenadiers participent à une grande parade donnée sur le Champ-de-Mars. Ici, le Grand duc Dmitri Constantinovitch, sabre brandi, présente son unité rangée en bataille. A gauche, reconnaissable à ses chevaux gris, la musique du régiment.*

5

5 • *Manœuvres près de Longa en 1901. L'étendard du régiment dans sa housse protectrice, avec à ses côtés, à droite, le lieutenant Léon Platonovitch Stephanovitch.*

6

6 • *Pendant les manœuvres de 1902 le régiment fait une halte.*

7

7 • *Toujours pendant les manœuvres de 1902 les lieutenants barons Wrangell, Stafiebski et X apprécient le contenu de leur panier sous l'œil amusé de leurs ordonnances.*

8

8 • Le lieutenant Alexei Vassilievitch Korotchentzov, né en 1879, ancien élève du Corps des Pages, aide de camp du Grand Duc Dmitri Constantinovitch, photographié en 1900 porte ici le « vice-moundir » (redingote mi-longue) vert foncé de la tenue de ville, avec pantalon long et chaussures basses.

10

10 • Edouard Oskarovitch Laimpe, engagé volontaire au 3e escadron en 1899. On remarque, sur le côté droit de la poitrine, l'insigne d'étudiant à l'université et les épaulettes spécifiques au régiment, à écailles et franges rouges, et bordées de la tresse blanc, orange et noir distinguant les engagés volontaires.

9

9 • Le cornette G.G. Time, photographié en 1913 permettant de particulièrement bien voir les « litzen » de col en broderies dorées, les épaulettes en écailles métalliques également dorées, le sabre de cavalerie légère à fourreau métallique et l'insigne régimentaire. Ce dernier, représentant la croix de Kulm (croix de Fer) noire frappée au centre d'une grenade dorée, fut adopté le 8 juin 1903. Le jeune officier porte la médaille commémorative de la mort d'Alexandre III et celle du Tricentenaire des Romanov, dont le ruban noir, orange et blanc est aux couleurs de la dynastie.

11

11 • Le lieutenant Fedor Gustavovitch Winkler-Ulrich en 1897 bien cambré dans la tunique vert foncé à plastron et parements rouges, galonnage doré, charivari bleu passepoilé de rouge.

13

13 • Peterhof, le cours de détachement d'instruction régimentaire professé par le lieutenant Pierre Iakovlevitch de Witt, qui sert aux grenadiers avec son frère Anatole et son cousin Paul Constantinovitch.

12 • Un groupe intéressant sur le plan uniformologique, à Peterhof en 1900. Débout, de gauche à droite, le lieutenant Skouratov, le cornette von Dreiling et le stab-rotmistr Lev Mikhailovitch Navrotski. Assis au milieu, le rotmistr Ivan Ivanovitch Kramarev a jugé inutile de comprimer sa silhouette dans le ceinturon réglementaire. Assis, à gauche le prince Amilakhvari, élève du Corps des Pages et le feldwebel du corps des Cadets Finlandski (supprimé en 1903) Teslev. Ces deux derniers, détachés de leur école, participent à un stage au régiment. Amilakhvari porte le monogramme impérial de métal or aux pattes d'épaule, Teslev a les pattes d'épaule bleu clair avec les lettres « FK » jaunes.

14

14 • Peterhof, le mess des officiers. De gauche à droite, autour d'une table bien garnie : Winkler-Ulrich, Korotchentzov II, Teslev, Sirijevsky, Popov, Nicolaev, baron A. Budberg, Egerstrom, Korotchetzov I, von Behr, X., X.

15

15 • Le Grand duc Michel Nicolaevitch porte un toast au régiment. En arrière plan, le Grand duc Dmitri Constantinovitch, à gauche, les musiciens, portant la chenille de casque en crin rouge, et, dans le dos, les trompettes d'argent décernées au régiment en 1814.

16 • Le Grand duc Michel Alexandrovitch en petite tenue à cheval : la flamme rouge de casque n'est pas portée, les grenades fixant les jugulaires sont derrière la chenille de crin. Le paquetage est celui de campagne et l'on peut noter l'absence de chabraque.

16

17

17 • *Fête jubilaire du régiment, Peterhof, 6 juin 1903. Les officiers et leurs épouses entourent l'Empereur, l'Impératrice et le Grand duc Dmitri Constantinovitch. Aux extrêmités, quatre officiers arborent les anciennes tenues des régiments d'origine, lanciers, hussards, dragons (1er Empire).*

18

21 • *Le capitaine Léon Platonovitch Stephanovitch (1872-1918), aide de camp de l'Empereur.*

19

19 • *Photographie du tsarevitch prise en 1911 à Tsarskoié Sélo; Le prince héritier est en tenue quotidienne (avec Tchaktchiry à double bande et passepoil rouges), et porte un sabre réglementaire, quoique de taille naturellement réduite.*

20 

20 • L'aspirant prince A.L. Troubetzkoy, en tenue de campagne, porte l'insigne régimentaire et celui de l'Ecole de cavalerie Nicolas.

 2

21 • L'Empereur en grande tenue du régiment, lors de la fête de celui-ci. Le monogramme doré se détache nettement sur le fond vert foncé de la schabraque, bordée d'un galon et passepoil rouges. Les montures des grenadiers à cheval sont de robe noire.

 22

22 • La cavalerie de la Garde a souvent inspiré les artistes pour le brillant de ses uniformes; ici une statuette d'argent de 23,5 cm de haut représentant un Grenadier à cheval en grande tenue. On notera l'extrême finesse des détails et leur exactitude rigoureuse, jusqu'à la culasse du mousqueton; seul le sabre à disparu. Poinçon : AL (Moscou 1908-1917) chez Sotheby, Genève 1981.

Lanciers de Sa Majesté l'Impératrice

Le régiment ne possède pas d'insigne à proprement parler, mais un jeton en forme de médaille, créé en 1903 pour le Centenaire de l'unité. Cette médaille dorée porte sur la face le profil de l'Impératrice et sur le revers un Lancier de 1812, et les inscriptions « Austerlitz, Friedland, Krasnoié, Kulm, La Fère Champenoise, Ostrolenka, Telich » et « 1803-1903 ». Sur la tranche est gravé le nom du propriétaire.

1 • L'Impératrice Alexandra Feodorovna, lors du jubilé du 16 mai 1903. Elle monte en amazone un cheval alezan, couleur de la robe des montures du régiment.

• Ce régiment a une commune origine avec celui des Lanciers de Sa Majesté l'Empereur, et entretient donc les mêmes traditions. Celles-ci sont les suivantes :

A partir d'escadrons de Hussards remontant à 1651, est fondé le 16 mai 1803 le régiment des Hussards d'Odessa. Le 11 septembre de cette même année, il prend le nom de « Lanciers de Son Altesse Impériale le Tsarevitch Grand duc Constantin » et c'est sous cette appellation qu'il se couvre de gloire à Austerlitz le 2 décembre 1805. Le 12 décembre 1809, le régiment se scinde une première fois en Dragons de la Garde et Lanciers de la Garde. Ces derniers reçoivent les privilèges de la Jeune Garde en 1812 et de la Vieille Garde en 1814.

Le 29 décembre 1863, le 5e escadron de réserve, détaché du régiment, forme l'escadron de réserve du régiment des Lanciers de la Garde. Alors que les Lanciers de l'Empereur existent indépendamment depuis 1855 (cf. p. 261), l'unité conserve son nom de Lanciers de la Garde jusqu'au 13 novembre 1894, date à laquelle elle prend le nom de « Lanciers de la Garde de Sa Majesté l'Impératrice Alexandra Feodorovna ».

• Les campagnes communes aux deux régiments de Lanciers sont : Austerlitz en 1805, Gutstadt et Friedland en 1808, et pour partie de ses effectifs, la campagne de Finlande contre les Suédois ; viennent ensuite Vitebsk, Smolensk, Borodino, Taroutino, Malo-Iaroslavetz et Krasnoié en 1812, Lutzen, Bautzen, Kulm, Leipzig, Butelstadt en 1813, Chalon, Cézanne, Montmirail, Arcis-sur-Aube, la Fère-Champenoise et la prise de Paris en 1815. Les Lanciers se battent en 1828 contre la Turquie, en 1831 et en 1863 contre la Pologne.

Les Lanciers de l'Impératrice participent ensuite à la guerre russo-turque de 1877-1878 et sont à Telich, la traversée des Balkans, Tatar-Bazardjik et Philippopol.

• Les Lanciers reçoivent en avril 1813, puis le 27 juin 1851 des étendards de Saint Georges avec l'inscription « Pour la prise d'un drapeau ennemi à Krasnoié, et pour distinction lors de la défaite et l'éviction de l'ennemi hors de Russie en 1812 ». Toujours en 1851, date de Jubilé du régiment, celui-ci reçoit des banderoles de Saint André. Celles-ci, aux termes du décret de 1884, ne devront pas être portées sur les rangs.

Le régiment possède par ailleurs 22 trompettes de Saint Georges accordées le 30 août 1814 avec l'inscription « L.G. régiment de Lanciers, pour la valeur exceptionnelle montrée lors de la mémorable campagne heureusement achevée en 1814 ».

La plaque de distinction attribuée le 17 avril 1878, porte « Pour Telich le 16 octobre et pour les Balkans le 18 décembre 1877 ».

En souvenir de la bataille d'Andrinople en 1878 le régiment est armé de lances de bambou.

• La fête du régiment a lieu le jour de l'Ascension.

• Ancienneté : 16 mai 1651.

• Type physique réglementaire : blond, roux sans sourcils, nez long, moustache courte.

• L'Impératrice Alexandra Feodorovna est Chef du régiment depuis le 14 novembre 1894 et son fils, le Tsarevitch Alexis, y est inscrit dès sa naissance. En font également partie les Grands ducs Pierre Nicolaevitch (depuis 10 janvier 1864), Georges Mikhailovitch (depuis le 11 novembre 1886) et le prince Eugène Maximilianovitch Romanovski, duc de Leuchtenberg, qui y servira jusqu'à sa mort en août 1901.

• Stationné au Nouveau Peterhof, le régiment est commandé en 1914 par le colonel, futur général-major Nicolas Antonovitch Kniajevitch (1874-1918), ancien élève du Corps des Pages, chevalier de Saint Georges 4e classe durant la grande guerre.

4

2

2 • *Photographié en août 1897, lors de la revue offerte par Nicolas II au Président de la République Française Félix Faure, alors en visite officielle, le Prince Louis Napoléon Bonaparte, fils du Prince Napoléon dit « Plon-Plon », petit neveu de Napoléon Ier. Frappé, comme tous les membres des familles ayant régné sur la France par la loi d'exil de 1886, le Prince servit dans l'armée russe et commanda le régiment des Lanciers de l'Impératrice, qui défile ici sous ses ordres au pied de la tribune officielle (photographie prise par le correspondant du journal « Panorama »).*

4 • *Trois jeunes officiers du régiment en 1908. Le plumet des lanciers est traditionnellement retombant, en crin blanc. Notons par ailleurs que le dessus du « pavillon » (le sommet carré de la czapska) est de cuir verni, sans galonnage, Assis à gauche et ayant signé « Sacha », Alexandre Pavlovitch Kotzebue, futur aide de camp du Grand duc Nicolas Nicolaïevitch en 1914.*

3

3 • *Ce groupe très martial, (les hommes du dernier rang, en haut, pointent même leur fusil sur le photographe...!) permet de voir les instruments « privés » des Lanciers : balalaïka, accordéon; le chapeau chinois sur les genoux du soldat assis au centre, est, lui, réglementaire.*

5 • « *Moleben* », *cérémonie religieuse auquel assiste Nicolas II, en Hussard de l'Empereur debout sur un tapis face aux anciens étendards ressortis pour la circonstance.*

5

6

7

6 • *Le Grand duc Georges Mikhailovitch, qui fait partie du régiment depuis 1886, et aide de camp impérial (il porte les aiguillettes et les monogrammes de la Suite) montre ici la tenue sans son plastron rouge amovible, ce qui permet de voir nettement la découpe de forme similaire pour le bord croisé de la tunique. Sur sa poitrine et au cou, l'Ordre de Saint-Wladimir 4e et 3e classe.*

7 • *Un sous-lieutenant en grande tenue : photographié au début du régne de Nicolas II, il porte l'insigne au monogramme d'Alexandre III attribué à tous ceux qui servaient au moment de la mort de l'Empereur. L'uniforme est semblable à celui du régiment « jumeau » des Lanciers de l'Empereur. Seule différence : les galons, boutons et épaulettes sont dorées (argent chez les Lanciers de l'Empereur).*

8

8 • Un capitaine en second, portant l'insigne du Corps des Pages et le jeton régimentaire pose, entouré de ses sous-officiers. En dehors de lui, l'adjudant seul possède une casquette à visière et l'on remarque bien le détail des raquettes mêlées de noir et d'orange caractéristiques des sous-officiers, celles de la troupe étant simplement de laine jaune. Hors service et en service à pied, le cordon, qui fait le tour du cou, est fixé à un bouton, comme ici. En service à cheval, il est fixé à la shapka, les raquettes toujours à gauche. La ceinture de la troupe est à deux bandes rouges, bandes médiane et passepoils bleu foncé. Le galon du col et des parements est doré.

9 • Cet officier supérieur, reconnaissable à ses lourdes épaulettes à franges dorées, porte le jeton à l'effigie de l'Impératrice adopté en 1903. Sur sa poitrine, à droite, l'insigne de l'Ecole des Officiers de cavalerie.

10

10 • L'Impératrice Alexandra Feodorovna, Chef du régiment, dont elle porte ici l'uniforme sur lequel est élégamment jeté un manteau d'officier à rotonde, de couleur grise, à écussons de col rouges liserés de bleu.

Dragons

Il n'existe pas à proprement parler d'insigne régimentaire, mais un insigne commémoratif créé le 4 mars 1912, à la mémoire du Grand duc Wladimir Alexandrovitch, ancien commandant de l'unité. Remis aux officiers et aux soldats servant à la date de la mort du Grand duc, il représente le monogramme en argent de celui-ci (« B » = « W » en russe), entouré d'un ruban de Saint Wladimir émaillé, surmonté d'une couronne également d'argent, tout comme les dates jubilaires « 1847-1909 » figurant au bas de l'insigne.

1 • Lors de l'ouverture de la Douma, le 27 avril 1906, d'importantes forces sont présentes à Saint-Pétersbourg. Nous voyons ici un groupe d'officiers de Cavalerie de la garde au pied de la colonne Alexandrine. Elevée de 1829 à 1834 par Richard de Montferrand en l'honneur d'Alexandre Ier, elle se dresse sur la Place du Palais, avec à gauche le Palais d'Hiver, et à droite l'Etat-Major. Au centre du groupe, des officiers des Dragons de la Garde avec leur petit bonnet de fourrure.

• Le 3 avril 1814 est constitué un régiment de Chasseurs à Cheval, qui, le 30 du même mois, est incorporé à la Jeune Garde sous le nom de « L.G. Chasseurs à cheval ». Il passe dans la Vieille Garde le 6 décembre 1831 et le 3 avril 1833, prend l'appelation de « L.G. régiment de Dragons ». Le 29 décembre 1863, le 5e escadron est détaché du régiment en tant « qu'escadron de réserve du L.G. régiment de Dragons » et est versé dans la brigade de réserve de la Garde.

• Créé trop tard pour prendre part aux campagnes d'Alexandre 1er, le régiment s'illustre pour la première fois en Pologne lors de la répression du soulèvement de 1831, combattant souvent à l'avant-garde. En 1849, il participe, sans être engagé, à la campagne de Hongrie, et en 1863, une partie de ses effectifs prend part à la seconde campagne de Pologne. Puis vient la guerre russo-turque de 1877-1878 avec Telich, Vrats, la traversée des Balkans, les combats de Kadykia et Aïranli. Les Dragons entrent les premiers à Philippopol et à Andrinople.

• En récompense de sa conduite dans ce dernier conflit, le régiment reçoit, le 19 mars 1878, un étendard de Saint Georges portant l'inscription « Pour distinction dans la guerre contre la Turquie de 1877-1878 ». Pour son centenaire, le 3 avril 1914, il reçoit un nouvel étendard, avec banderole de Saint André, du modèle 1900. Le régiment sera le seul de toute l'armée impériale à recevoir cet emblème du nouveau modèle (orné de la Sainte Face), dont l'inscription de distinction est brodée dans le cadre et non plus sur un ruban de Saint Georges, comme le prévoyait le règlement de 1912.

• La fête du régiment a lieu le 19 mars, jour des Saints Martyrs Khrisanf et Daria.

• Ancienneté : 3 avril 1814.

• Type physique réglementaire : chatain, sans barbe.

• La Grande duchesse Maria Pavlovna est Chef du régiment depuis le 9 février 1909, succédant à son époux, le Grand duc Wladimir Alexandrovitch, qui le commanda de 1905 à 1909. Sont également portés sur les listes de l'unité les Grands ducs Cyril Wladimirovitch (qui y servira de 1876 à 1905, et à nouveau en 1909) et Boris Wladimirovitch, inscrit depuis 1877.

• Stationné au Vieux Peterhof, le régiment est commandé en 1914 par le général-major comte Fedor Maximilianovitch Nieroth, né en 1871, ancien élève du Corps des Pages.

2

2 • *Groupe de Dragons en 1896. Ces soldats, qui viennent de recevoir la médaille commémorative du couronnement de Nicolas II, portent encore l'uniforme très sobre adopté en 1885, et qui ne sera modifié que le 24 janvier 1899, avec notamment l'apparition du plastron rouge. La coiffure est un petit bonnet de fourrure noire modèle 1882 avec fond de drap rouge. Remarquez les décors champêtres peints sur toile, contrastant singulièrement avec la petite table recouverte de dentelle.*

3 • *Le Grand duc Wladimir Alexandrovitch, chef du régiment jusqu'à sa mort, en 1909, ici en grande tenue à cheval.*

4 • *A l'occasion du Centenaire, Soldats avec les anciens uniformes. De gauche à droite : 1) Uniforme à la création du régiment en tant que Chasseurs à cheval en 1814 (le brassard blanc rappelle l'entrée des Alliés à Paris cette année là) 2) Trompette 1823. 3) Dragon sous Nicolas Ier en 1833. 4) Tambour vers 1850. 5) Tenue sous Alexandre II en 1877. 6) Tenue sous Alexandre III de 1882 à 1887. 7) Porte-étendard à partir de 1907.*

4

5

5 • *Groupe de bronze exécuté pour le Centenaire régimentaire (les dates 1814-1914 figurent sur le socle), représentant au sommet le Tsar Alexandre Ier. Il évoque les campagnes des Dragons en Pologne et lors de la traversée des Balkans.*

6 • *A gauche, sur cette photo, le Grand duc Cyril Wladimirovitch, fils du Grand duc Wladimir et de la Grande Duchesse Marie Pavlovna, tous deux chefs successifs du régiment, fut inscrit sur les listes des Dragons le jour de sa naissance, le 30 septembre 1876, et commença à y servir le 14 avril 1909.*

6

7

7 • *La musique des Dragons parade à l'occasion des cérémonies du Centenaire. Les musiciens portent le plumet rouge traditionnel de leur formation et le manteau gris-beige.*

8

8 • Centenaire du régiment en 1914.
Dans la salle d'honneur de l'unité, au Nouveau Peterhof, l'Empereur pose au milieu des officiers et anciens officiers (certains portent l'habit et non l'uniforme). Il est encadré, à sa droite, par la Grande duchesse Maria Pavlovna, Chef du régiment, et, à sa gauche, par les Grands ducs Cyril et Boris Wladimirovitch, portés sur les listes des Dragons, tous en tenue ordinaire.

9 • Parade à Peterhof pour le Centenaire du régiment. Un officier monte en selle, et salue le soldat tenant son cheval. Derrière lui, le sous-officier porte-étendard, que distingue le baudrier rouge à broderie en zigzag et frange argent, s'apprête à faire de même.

10 • Centenaire du régiment en 1914. Un grand banquet réunit membres de la Famille Impériale, officiers et invités dans le manège du régiment, décoré au chiffre « W.A. », c'est-à-dire Wladimir Alexandrovitch, (ancien chef des Dragons jusqu'en 1909). La Grande duchesse Maria Pavlovna, au centre de la photographie, de dos, est assise à côté du commandant du régiment, le général-major comte Nieroth.

9

10

11 • La Grande duchesse Marie Pavlovna, née Duchesse de Mecklemburg, veuve du Grand duc Wladimir Alexandrovitch, et donc cousine de l'Empereur, Chef des Dragons de la Garde, dont elle porte ici l'uniforme. Il s'agit de la tenue adoptée en 1897, tunique bleu-vert foncé à plastron rouge, col et parements rouges, culotte bleue passepoilée rouge, galons, boutons et épaulettes de cavalerie à écailles métalliques argents, shako spécifique du régiment rappelant celui porté à sa création, sous Alexandre Ier.
La Grande duchesse était également chef du 137e régiment d'infanterie de Niéjine (27 mars 1877), et du 3e régiment bulgare à cheval (4 septembre 1907). Elle était dame de l'ordre bavarois de Thérèse et Présidente de l'Académie Impériale des Beaux Arts.

11

12

12 • Le comte Fedor Athurovitch Keller, commandant le régiment de 1906 à 1910. Il arbore fièrement la croix de Saint Georges de soldat, gagnée pendant la guerre russo-turque de 1877-1878. Durant la grande guerre, il obtiendra les croix d'officiers de 4e et 3e classe de cet ordre prestigieux et commandera successivement la 10e division puis le 3e corps de Cavalerie. Il sera assassiné à Kiev le 21 décembre 1918 par les bandes de Petlouria.

3

13 • Pendant la guerre, le régiment part pour le front. Les cavaliers du premier rang portent réglementairement la lance sans flamme. L'étendard, roulé dans sa housse, est porté par le sous-officier en tenue de campagne.

14 • Lors de l'entrée solennelle de leurs Majestés à Moscou, le 9 mai 1896, un long cortège composé de détachements de la cavalerie de la Garde, des députations de la Noblesse, des cosaques, etc. précède les voitures de l'Empereur, de sa famille et de leur suite. D'autres détachements de la cavalerie de la Garde ferment le cortège, nous voyons ici disparaître les Lanciers de l'Empereur à droite, suivis par les Dragons de la Garde. La foule fort nombreuse dans les tribunes et la rue, s'est clairsemée considérablement après le passage de la famille impériale. Au premier plan à gauche des détachements de cosaques et de gendarmes forment la haie, on remarque que les cosaques portent leur fusil sur l'épaule droite, contrairement au reste de la cavalerie qui le porte à gauche.

Hussards de Sa Majesté

Le régiment ne possède pas d'insigne de poitrine, mais un jeton destiné aux seuls officiers. En forme de sabretache émaillée rouge à ornements dorés, il s'ouvre et porte, gravé à l'intérieur, le nom de son propriétaire.

1 • Le colonel Chevitch, futur général-major et dernier commandant du régiment avant la guerre de 1914. Il monte un magnifique cheval gris, et cette photographie souligne la spendeur de l'uniforme : dolman rouge et pelisse blanche à brandebourgs et galons dorés, cette dernière bordée de fourrure brune, culotte bleue à galon en zigzag doré, colback brun à flamme rouge et or et plumet blanc, sabretache rouge brodée d'or, au chiffre de l'Empereur. Sabre de cavalerie légère et chabraque bleue brodée d'or complétent l'un des plus somptueux uniformes de la Garde.

• Cette unité est créée sous la forme d'un « Leib-escadron de Hussards » attaché au palais de l'Impératrice Catherine II, le 19 février 1775. Réuni à d'autres unités cosaques, l'escadron devient le 7 novembre 1796 « régiment de Hussards-Cosaques », et reçoit les privilèges de la Vieille Garde. Deux ans plus tard, en janvier 1798, l'unité est dissociée et un « L.G régiment de Hussards » est ainsi mis sur pied. Celui-ci prend le 19 février 1855 son appellation définitive de « L.G. Hussards de Sa Majesté (l'Empereur) ».

Le 29 décembre 1863, le 5e escadron est détaché du corps pour devenir « Escadron de réserve du régiment de Hussards de la Garde de Sa Majesté ».

• En 1799, le premier escadron participe à l'expédition de Hollande contre les Français. Le régiment participe ensuite à presque toutes les campagnes du XIXe siècle. Il est en 1805 à Austerlitz, en 1807 à Berg-Frieden, Wolfsdorf, Gutstadt, Heilsberg, Friedland. Combattant souvent en arrière-garde, en 1812 il est à Wilkomir, Ostrova, Vitebsk, Borodino, où il charge à plusieurs reprises, à Taroutino, Malo-Iaroslavetz, Viazma, Krasnoié, en 1813 à Bautzen, Kulm, Leipzig, en 1814 à Sedan, Reims, La Fère Champenoise et Paris. En 1828, il prend part à la campagne contre la Turquie, en 1831 contre la Pologne, en 1849 contre la Hongrie, où il n'est pas engagé. Il se bat enfin contre les Turcs en 1877-1878, à Telich et Philippopol.

• Le régiment reçoit en 1813 des étendards de Saint Georges, renouvelés en 1875, avec l'inscription « Pour distinction lors de la défaite et l'éviction de l'ennemi hors de Russie en 1812 » et les dates « 1775-1796-1875 ». Il reçoit également une banderole jubilaire de Saint André. Les Hussards possèdent depuis 1831, 22 trompettes de Saint Georges avec l'inscription « Pour Varsovie les 25 et 26 août 1831 ».

La plaque de distinction de coiffure, accordée en 1878, porte « Pour Telich le 12 octobre 1877 ».

• La fête du régiment a lieu le 6 novembre, jour de Saint Paul le confesseur.

• Ancienneté : 19 février 1775.

• Type physique réglementaire : de belle taille, châtain; ceux du 1er escadron : barbe blonde.

• L'Empereur est Chef du régiment, et est inscrit sur les listes de celui-ci dès sa naissance. Sous le dernier règne, les Grands ducs Cyril Wladimirovitch, Nicolas Nicolaevitch et Alexandre Mikhailovitch seront également portés sur ses listes.

• Stationné à Tsarskoié-Sélo, le régiment est commandé en 1914 par le général-major Chevitch.

2 

2 • *Groupe illustrant les diverses tenues de la troupe. Les officiers, quant à eux, portent la « venguerka » d'hiver bleue et le tchaktchiry ordinaire, sans nœuds hongrois. On remarque le « chapeau chinois » à l'arrière plan et l'amateur d'armes notera le fusil-mitrailleur Madsen, modèle 1904, que la cavalerie russe reçoit alors en dotation.*

3 

 4

3 • *Pose « escalier » au cours des manœuvres : Côté face, de gauche à droite : le Tsarevitch, futur Nicolas II, qui sert alors au régiment, Ivan Svetchine, Evegueni Nicolaevitch Volkov (qui sera en 1914 général-major de la Suite et Directeur du Cabinet de l'Empereur), A. Svetchine.*

4 • *Côté pile : les mêmes moins Ivan Svetchine, remplacé par un Hussard dont le dos d'uniforme montre parfaitement les tresses de dolman.*

5

5 • Cet officier monte en selle, aidé à la fois par son ordonnance et par... un tabouret. On voit nettement la giberne et l'étui du révolver Smith and Wesson. Les isbas russes typiques montrent leurs balcons sculptés et le haut de leurs fenêtres ouvragées.

6

6 • Instantané de l'époque ou le photographe photographié ! Le lieutenant Matvei Goerguievitch Kroupenski, futur lieutenant-général, officie, appareil en main. Devant lui, le lieutenant Moltchanov. Ils sont tous deux en vareuse blanche d'été.

7

7 • Un moment de détente pour ces quatre officiers, à l'ombre des arbres, sur une terrasse rustique. De gauche à droite : prince Karageorgevitch, Dolinski-Ivanski-Golovine, X., Soromine.

8

8 • *Les manœuvres sont parfois fastidieuses et les officiers inventent des jeux pour se distraire... comme ce « lancer de sabres », qui réclame à la fois force et adresse ! De gauche à droite : Volkov, Solovoï, Kroupenski, I. Svetchine, le Tsarevitch, le prince Michel Gagarine, Miller.*

9

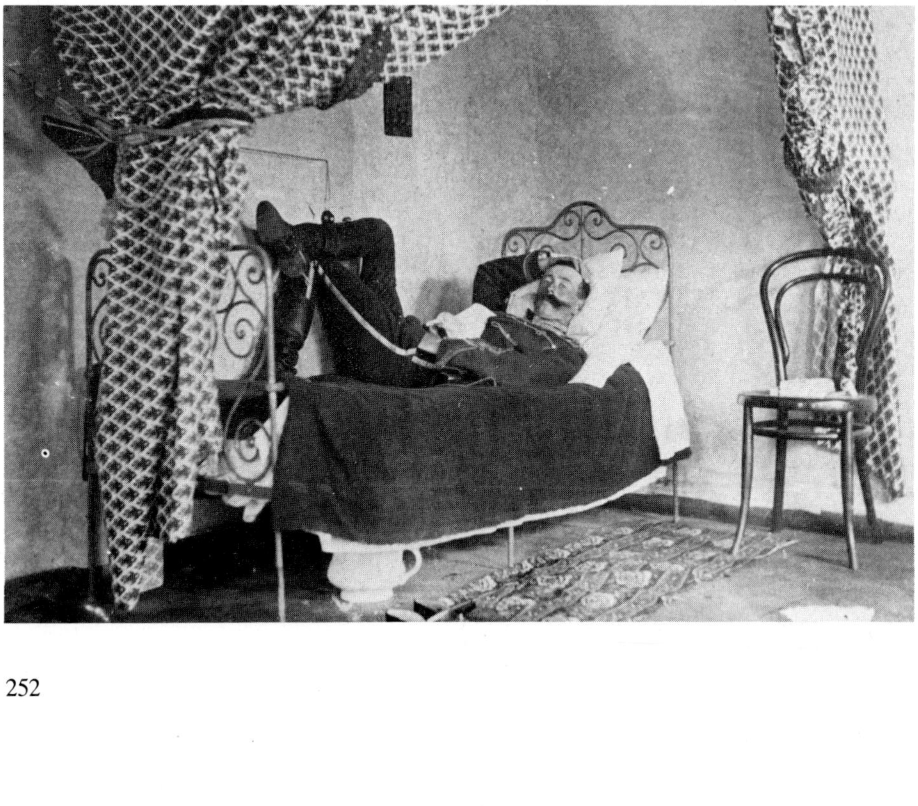

10

9 • *Vue de village, devant lequel pose avantageusement cet officier.*

10 • *Même en manœuvres, le Hussard ne néglige pas son confort, comme le prouve cet original « instantané » d'Ivan Nicolaevitch Svetchine (1863-1930) qui sera en 1914 général-major, attaché à la personne du ministre des Affaires Etrangères, et terminera sa carrière lieutenant-général et gouverneur de Stavropol.*

1

11 • Le Tsarevitch Nicolas Alexandrovitch, futur Nicolas II sert de 1889 à 1890 au régiment des Hussards de l'Empereur, où il termine commandant du premier escadron « de Sa Majesté ». On le voit ici avec, à sa droite, le Grand duc Nicolas Nicolaievitch, alors commandant le régiment. Ils sont dans la petite maison construite, lors des manœuvres, au village de Koporskoié pour loger l'héritier du trône. Lorsqu'il quittera le régiment, le Tsarevitch en fera cadeau au régiment qui y installera le cercle des officiers. Selon la tradition régimentaire, Nicolas avait offert à son entrée au régiment des objets en argent, en l'occurence des coupes à son nom. Après son départ, la coutume s'établit de toujours les laisser à l'endroit où se trouvait jadis son couvert, à droite de celui du commandant du régiment (on notera cependant sur la photo qu'il est assis à gauche de ce dernier...?).

12

12 • « Moleben » ou cérémonie religieuse, dans le grand manège du régiment à Tsarskoié-Sélo. Les hommes sont impeccablement alignés, colback à la main. Remarquez le plafond, à tel point brillant qu'il reflète la scène.

13-14-15 • Histoire sans paroles en trois épisodes : le Grand duc Nicolas Nicolaevitch (futur généralissime en 1914) et son cheval Tchaml Boy, gris clair comme toutes les montures du régiment.

13

13 • Le cheval : J'attends respectueusement mon maître...

14

14 • Le Grand duc : Bonjour, es-tu prêt !

15

15 • Tous deux : C'est parti !

16 • A la suite de la visite officielle rendue par le Tsarevitch, futur Nicolas II, au roi de Siam en 1891, plusieurs sujets siamois vinrent servir dans l'armée russe, et non des moindres. Cette photographie représente S.A.R. le prince Tchakrabon, posant en grande tenue de Hussard de Sa Majesté en 1903. Sur la poitrine, il porte le collier et la plaque de « L'ordre très illustre de la maison royale de Chakri », réservé aux membres de la famille royale de Siam et aux chefs d'états étrangers.

18

18 • Officier en grande tenue d'hiver, portant la pelisse chaussée, dont la fourrure est en castor brun. Le cordon de fixation ou « mentchiket », est en cordon filigrane or, tous comme ceux des brandebourgs.

17

17 • Groupe de soldats et sous-officiers en grande tenue. Ils portent comme les officiers le dolman rouge la culotte bleue et la pelisse blanche, mais les tresses et nœuds hongrois sont en tissus orange. Outre les galons au col et les parements, les sous-officiers se distinguent par des coulants sur les tresses d'épaule.

19

19 • Tsarskoié-Sélo, 1910. Précédé de l'aide de camp régimentaire, l'étandard se dirige vers le 3ᵉ escadron, qui dans la cavalerie porte traditionnellement l'emblème depuis le 24 novembre 1880. Drapeaux et étendards ne sont sortis de leur housse et déployés que lors des revues passées par l'Empereur, lorsque les troupes sont en grande tenue.

22 • Paul Alexandrovitch Offrossimov, né en 1872, ancien élève du Corps des Pages et futur colonel des Hussards de Sa Majesté. Il est en tenue quotidienne o « venguerka » d'hiver, bleue foncé à brandebourgs or piqués de noir et d'orange. Il porte le jeton du régimen fin bijou représentant la sabretache des Hussards de S Majesté.

20

20 • Le lieutenant Ivan Svetchine manifeste ici son incontestable satisfaction devant les progrès de ses hommes à l'exercice du tir!

2

21 • Dressage des chiens militaires : en « gymnastiorka » de campagne kaki et « tchaktchiry » bleu à liseré orange, ce cavalier montre bien le cordon jugulaire qui permet de porter la caquette (sans visière) si crânement inclinée sur l'oreille droite! Remarquez les bottes qui, même en petite tenue, sont ornées de la rosette traditionnelle des Hussards.

23

23 • Le noble profil de Nicolas II; il porte ici la venguerka d'hiver bleu foncé avec tresses or mêlées de piqûres orange et noir. Sur la tresse d'épaule, le monogramme d'Alexandre III. On remarque le mode d'attache des aiguillettes aux olives permettant de fermer la venguerka. Ces olives, pour les officiers, sont dorées et ornées d'une rainure en forme de spirale, elles sont lisses pour la troupe.

24 • Le capitaine Nicolas Sergueevitch Plaoutine, né en 1868, futur colonel du régiment, et son épouse Marie Nicolaevna Raievsky. Les Plaoutine forment une famille traditionnellement attachée aux Hussards, dans lesquels ils servirent de génération en génération jusqu'à la révolution.

Lanciers de Sa Majesté l'Empereur

L'insigne régimentaire adopté le 19 août 1911, représente la croix de Kulm (Croix de Fer), émaillée noire à bordure d'argent, portant au centre le monogramme argent de Nicolas II. Sur les branches, en lettres également d'argent se lit la fameuse phrase lancée à Austerlitz par le Grand duc Constantin, alors que le régiment s'apprêtait à charger : « Souvenez-vous du nom que vous portez ». (C'était alors le propre nom du Grand duc : « Lanciers de Son Altesse Impériale le Grand duc Constantin Pavlovitch »).

Il existe également un insigne de jubilé, représentant lui aussi la croix de Kulm, mais avec au centre, sur un fond orange, le monogramme doré de Nicolas II, et sur les branches celui des Chefs successifs du régiment : K, M, A II et A III (Constantin, Michel, Alexandre II et Alexandre III).

1 • Nicolas II en tenue ordinaire du régiment, dont il est le chef honoraire. Il arbore les décorations qu'il portait le plus fréquemment : ordre de Saint Wladimir 3e classe (civil) médaille commémorative du règne d'Alexandre III, ordre du Danebrog (Danemark), ordre du Sauveur (Grèce). Sur le côté gauche de la poitrine, la plaque de l'ordre de Saint André.

Tout comme son « jumeau », le régiment des Lanciers de Sa Majesté l'Impératrice, dont il ne se distingue que par la couleur du bouton (argent et non or), cette unité est issue des Lanciers créés le 11 septembre 1803 par le Grand duc Constantin Pavlovitch, frère d'Alexandre 1er.

La tradition commune des deux régiments de Lanciers est donc la suivante :

A partir d'escadrons de Hussards remontant à 1651, est fondé le 16 mai 1803 le régiment des Hussards d'Odessa. Le 11 septembre de cette même année, il prend le nom de « Lanciers de Son Altesse Impériale le Tsarevitch Grand duc Constantin » et c'est sous cette appellation qu'il se couvre de gloire à Austerlitz le 2 décembre 1805. Le 12 décembre 1809, le régiment se scinde une première fois en Dragons de la Garde et Lanciers de la Garde. Ces derniers reçoivent les privilèges de la Jeune Garde en 1812 et de la Vieille Garde en 1814. Le 11 septembre 1849, le régiment devient « Lanciers de Son Altesse Impériale le Tsarevitch héritier », alors le Grand duc Alexandre Nicolaevitch, futur Alexandre II.

C'est en montant sur le trône le 19 février 1855 que ce dernier donne à son régiment le nom de « Lanciers de Sa Majesté l'Empereur », la distinction entre les deux unités de Lanciers étant alors établie. Les Lanciers de l'Impératrice prendront cette appellation le 13 novembre 1894.

• Les Lanciers participent à toutes les campagnes du XIXe siècle (cf. chapitre des Lanciers de l'Impératrice p. 235) dont le régiment en tant que Lanciers de l'Empereur, entretient lui aussi la tradition, notamment par sa devise, remontant à Austerlitz. Après la séparation, et sous son nom définitif, il prend part à la guerre russo-turque en 1877-1878 et se bat à la prise de Vrats, à celles d'Ikhtiman, de Philippopol et d'Andrinople.

• Le 19 février 1876, il reçoit un étendard de Saint Georges portant l'inscription « Pour la prise d'un drapeau ennemi à Krasnoié et pour distinction lors de la défaite et l'éviction de l'ennemi hors de Russie en 1812 ». Cette inscription rappelle les exploits des Lanciers du Tsarevitch, régiment d'où étaient issus les Lanciers de l'Empereur. Le 27 juin 1851, pour le bicentenaire de son anniversaire de fondation (par filiation), l'unité avait reçu une banderole de Saint André, qui, après le décret de 1884, sera conservée mais non portée sur les rangs.

Le régiment possède 22 trompettes de Saint Georges avec l'inscription « au régiment de Lanciers de Son Altesse Impériale, pour la bravoure exceptionnelle dont il a fait preuve lors de la mémorable campagne heureusement achevée en 1814 », accordées le 1er janvier 1818. 15 trompettes d'argent furent accordées en 1830 avec l'inscription « L.G. régiment de Lanciers de Son Altesse Impériale ».

La plaque de distinction de coiffure, accordée le 17 avril 1878, porte « Pour distinction dans la guerre contre la Turquie en 1877 et 1878 ».

• La fête du régiment a lieu le 13 février, jour de Saint Martinien.

• Ancienneté : 11 septembre 1651.

• Type physique réglementaire : châtain foncé et brun, petite moustache.

• Stationné à Varsovie, le régiment est commandé en 1914 par le général-major Abalechev.

2

2 • *Jubilé du régiment. Trois officiers portant les anciennes tenues du temps d'Alexandre Ier, Nicolas Ier et Alexandre II. De gauche à droite : capitaine Nicolas Ivanovitch Kaveline, capitaine comte Constantin Constantinovitch Przedziecki, cornette Alexandre Bourmann. On remarque la considérable différence de taille entre la czapska du dernier règne et celle du début du XIXe siècle.*

3

3 • *Deux engagés volontaires, les barons von Wrangell et Taube. Ils portent la tenue de la troupe, dont il ne se distinguent que par les pattes d'épaules bordées du passepoil noir, orange et blanc.*

4

4 • *L'étendard du jubilé de Saint Georges, entièrement jaune à broderie argent, remis au régiment le 20 août 1876 : modèle 1876, fer de hampe de Saint Georges pour la Garde, modèle 1875.*

5

5 • *Quatre volontaires nobles photographiés en 1904, ils portent la tenue de troupe, distinguée par la tresse noir-blanc-orange bordant les épaulettes, nettement visible sur ce cliché. De gauche à droite : A.N. Pantchoulidzev, futur attaché militaire adjoint à Paris (1917), V.A. von Gmelin, X..., X...*

6

6 • *1913 : prestation de serment des jeunes Lanciers. L'étendard et sa garde passent devant la fanfare (à pied), sur une esplanade passablement boueuse !*

7 • *Les recrues, main droite levée, index et majeur tendus, prêtent serment devant l'étendard, orné pour l'occasion de la banderole du jubilé, et encadré par deux officiers. Elles font face au pasteur protestant (au fond, de dos), et au prêtre orthodoxe (de dos au premier plan). De nombreux Lanciers, en effet, sont d'origine balte et de religion luthérienne.*

7

8

8 • Le sous-lieutenant Wilhelm Johann (Vassili Alexandrovitch) von Gmelin (1879-1920), du 4ᵉ escadron, photographié à Varsovie en 1905. En grande tenue (tunique bleue à plastron rouge, pantalon bleu à passepoil rouge, épaulettes, galons et boutons argent, czapska à plumet de crin blanc). Il porte au côté droit l'insigne doré du Lycée Impérial Alexandre de Saint-Pétersbourg, d'où il était sorti avec la promotion 1900. Lieutenant-colonel de l'armée blanche du général Miller, il fut fusillé par les bolcheviques à Moscou en 1920, après la chute d'Arkhangelsk.

9

9 • Voici un lancier heureux et installé; le capitaine baron Léon Carlovitch von Prittwitz, né en 1878, ancien élève du Corps des Pages, le jour de son mariage avec Nadieja Ivanovna Tzénine. Issu d'une très ancienne famille prussienne dont une branche se russifia au début du XIXᵉ siècle, Léon Carlovitch von Prittwitz était lui-même fils et petit-fils d'anciens commandants du régiment : le baron Nicolas Carlovitch (de 1875 à 1883) et le baron Carl Carlovitch (1849), le premier colonel, le second général de cavalerie et aide de camp général de l'Empereur.
Le baron Léon Carlovitch commandera à son tour le régiment en 1917; il porte ici la grande tenue avec le pantalon à double bande et passepoil rouges adopté en 1890.

10

10 • Le même, quelques années plus tard avec son fils Michel, né en 1911. Le capitaine von Prittwitz porte la oulanka, tenue adoptée en 1908, en drap bleu à col et parements de velours rouge. Sur sa poitrine, l'insigne du Corps des Pages, la croix de Saint-Wladimir 4ᵉ classe avec glaives et l'insigne jubilaire du régiment, portant, outre le monogramme de Nicolas II en son centre, ceux d'Alexandre Iᵉʳ, Nicolas Iᵉʳ, Alexandre II et Alexandre III sur les branches. La garde de son sabre est ornée de la dragonne de Saint Georges.

11 • Le corps des officiers des Lanciers de sa Majesté en 1904. Le général-major von Baumgarten, portant le cordon de Saint Stanislas 1re classe, est entouré, de gauche à droite par le Rotmistr Elvengren, le Rotmistr Igelstrom, le Rotmistr von Krug, le colonel Benois, le colonel von Remer, le colonel von Wolf, le Rotmistr Dabitch, le Rotmistr Vermann, X...
Au second rang, 2e à partir de la droite, le lieutenant prince Eristov; au centre, derrière le colonel von Remer, le cornette Zdroevski.
Au troisième rang, 3e à partir de la droite, le cornette V.A. von Gmelin.
Au dernier rang, 3e à partir de la gauche, le cornette L.C. von Prittwitz.

12 • Concert donné par la fanfare du régiment. Cette photographie exceptionnelle montre les trompettes du régiment, dont les pavillons de drap blanc sont ornés de la croix de Kulm noire bordée d'argent, au monogramme de Nicolas II, insigne du régiment depuis 1911.

13

13 • Varsovie vers 1913. Un détachement traverse une grande artère de la capitale polonaise. Les Lanciers, à pied, portent le long manteau gris-beige pour les hommes, gris pour les officiers. Celui qui paraît bien être un lieutenant, au premier plan, fait un signe complice et amical au photographe, ce que ne manque pas de remarquer le sous-officier fermant la marche, reconnaissable aux chevrons d'ancienneté cousus sur sa manche gauche.

14

14 • Avant une cérémonie : parmi les officiers de Lanciers, vérifiant une dernière fois leur tenue, un Hussard de Grodno (au centre) et un dignitaire civil en redingote noire chamarée d'or et bicorne emplumé (à gauche).

5

15 • Le capitaine Serguei Mikhailovitch Molostvov (1874-1915). Ce dernier porte les pattes d'épaule à monogramme impérial, indiquant son appartenance au 1er escadron dit « de sa Majesté ». Le capitaine Molostvov porte en outre les aiguillettes d'aide de camp. Il sera tué en 1915 à la tête des hussards Akhtyrski. On voit particulièrement bien son insigne régimentaire porté réglementairement sur le côté gauche de la poitrine.

17

17 • Pendule offerte par les officiers du régiment au colonel von Remer à l'occasion de son jubilé. Surmontée d'un lancier en bronze, elle est ornée des armoiries de la famille von Remer et des dates 1888-1905.

16 • Le général-major à la Suite de Sa Majesté, baron Gustav Carlovitch Mannerheim, aide de camp de l'Empereur, qui commanda le régiment de 1911 à 1914. Ancien officier aux Chevaliers-Gardes, issu d'une vieille famille finlandaise, Mannerheim combattit les bolcheviques dans son pays d'origine. Maréchal de Finlande, il se battit contre les soviétiques aux côtés de l'Allemagne durant la seconde guerre mondiale et fut président de la République finlandaise de 1944 à 1946. En tenue quotidienne, portant le manteau gris à col de fourrure, il se rend à une réunion.

6

18

18 • Le général Mannerheim et quelques-uns de ses officiers au cercle des Officiers des Lanciers à Lazienki (près de Varsovie). 4ᵉ à partir de la droite, le capitaine Molostvov. Au second plan, le portrait en pied de Nicolas II en grande tenue du régiment.

19

19 • Au même endroit, le corps des sous-officiers, reconnaissables aux galons en chevrons, aux parements et au col. Noter les nombreuses médailles et chevrons d'ancienneté et de bonne conduite.

20 • Officier supérieur en grande tenue, monté sur un cheval bai, couleur de la robe des montures du régiment.

20

1

21 • Mannerheim se préparant à partir en manœuvres. Il porte la tenue de campagne kaki, la culotte bleue passepoilée de rouge et la shashka d'officier au lieu du sabre de cavalerie légère. La jugulaire de la casquette est passée sous le menton.

22 • Charge de lanciers lors de manœuvres avant-guerre. Cette vue de profil nous montre bien la disposition adoptée par les Russes pour la cavalerie, le seul premier rang étant armé de la lance, en plus du mousqueton et du sabre. La flamme de lance, rouge et jaune pour le régiment n'est portée qu'en grande tenue.

22

23 • Prise d'armes pendant la guerre. Un officier portant les aiguillettes d'aide de camp, en présence de l'aumônier régimentaire (à gauche, en chapeau de feutre), remet des récompenses aux lanciers. On distingue bien, sur leur poitrine l'insigne du régiment.

24

24 • Kiev 1914. Le capitaine en second Vassili Alexandrovitch von Gmelin avec son fils Vladimir. Il est en tenue de campagne kaki et porte une gymnastiorka de troupe; le pantalon pour la cavalerie reste celui du temps de paix, en l'occurence bleu à passepoil rouge. On distingue bien l'insigne régimentaire à son emplacement réglementaire : sur la poche gauche. A droite celui du lycée impérial Alexandre.

Hussards de Grodno

L'insigne régimentaire, adopté le 26 juin 1910, représente la croix de l'Ordre polonais Virtùti Militari, en métal doré bordé de noir, dont le médaillon central, sur fond d'émail framboise, porte un cavalier argent (armes de Grodno) sur une terrasse verte. Le médaillon est entouré d'une couronne de feuillages et de rubans argent.

1 • Le général-major Clas Gustaf R. Charpentier, commandant du régiment en 1906. Sur sa poitrine, constellée de décorations, on remarque la plaque de Saint Stanislas 1re classe, les croix de Saint Wladimir 4e classe, Sainte Anne 2e classe, du Danebrog etc., ainsi que l'insigne du 1er régiment de Hussards Soumski, qu'il avait commandé auparavant. Noter également le galon de manche, en zigzag et très large, distinctif des officiers généraux.

• Créé le 19 février 1824 à Siedletz, en Pologne, à partir d'éléments polonais pris dans les 1re, 2e et 3e divisions de Hussards et dans celle des Lanciers de Lithuanie, ce régiment est intégré dans la Jeune Garde dès sa fondation. Le 6 décembre 1831, après la répression de la révolte polonaise, il reçoit les privilèges de la Vieille Garde.

• Il participe aux campagnes de Pologne en 1831, puis à celle de Hongrie en 1849, sans être cependant engagé. Durant la guerre de Crimée, il reste en observation aux frontières de l'ouest, mais va se couvrir de gloire au cours de la guerre russo-turque de 1877-1878 : il participe à la traversée du Danube, à la prise de Telich, au franchissement des Balkans et aux prises d'Ichtiman, Philippopol et Andrinople.

• Il reçoit, le 17 avril 1878, un étendard de Saint Georges avec l'inscription « Pour distinction contre la Turquie 1877-1878 ». Le régiment possède en outre 15 trompettes d'argent avec l'inscription « Régiment des Hussards de Grodno-1830 ».

• La fête du régiment a lieu le 11 juillet, jour de Sainte Olga.

• Ancienneté : 19 février 1824.

• Type physique réglementaire : brun, portant barbiche.

• Sous le dernier règne, le Chef honoraire des Hussards de Grodno est l'Impératrice d'Allemagne, Augusta-Victoria.

L'Empereur Nicolas II et le Grand duc Dimitri Constantinovitch sont inscrits sur ses listes.

• Stationné à Varsovie, le régiment est commandé en 1914 par le général-major de la Suite prince Paul Nicolaevitch Engalytchev (1864-1944), ancien élève du Corps des Pages.

2 

3 

2 • Le corps des officiers à Varsovie en 1906. Trois d'entre eux, debouts au troisième rang portent, l'un la tenue blanche d'été, les deux autres la tenue de service. Tous leurs camarades sont en tenue ordinaire.
De gauche à droite :
Au premier rang assis : lieutenant Serge Nicolaevitch Gotovski, capitaine en second Fedorov, capitaine en second Polianski, colonel Sokholtine, général-major Charpentier, commandant du régiment, portant le grand cordon de Saint Stanislas 1re classe, colonel Monomakov, capitaine Oustimovitch, capitaine prince Argoutinsky-Dolgoroukov I, capitaine en second Ilienko, lieutenant Pototzki.
Au second rang, debouts : lieutenant Cheïne, lieutenant Sakharov, capitaine en second Schmidt, capitaine en second Zamaraev, capitaine en second Youmatov, colonel Politkovski, capitaine en second Lazarev, lieutenant von Wall, comte Kapnist, cornette Versbinine, cornette Nerkevine.
Au troisième rang, debouts : cornette Gotovski, cornette Amkhov, cornette X., cornette Schott, cornette Gotmund, cornette prince Argoutinsky-Dolgoroukov II, baron Schtengl, cornette V.V. Krachatovski.

3 • Officier en manteau gris, au début du règne de Nicolas II. Il porte la banderole de giberne à chaînette : ce dernier élément sera supprimé ultérieurement.

4

4 • Le poste de garde à Varsovie. Les hommes sont ici en tenue quotidienne et portent la shachka au lieu du sabre, le « tchaktchiry » ordinaire, de couleur framboise, sans nœuds hongrois. A l'arrière-plan, la caisse du régiment, montée sur un caisson; celle-ci était en effet souvent laissée, comme ici, sous la responsabilité du poste de garde.

5

5 • Le prince Jaime de Bourbon y Bourbon, duc d'Anjou et de Madrid, prétendant carliste au trône d'Espagne. Il servit avec le grade de colonel aux Hussards de Grodno, dont il porte ici l'uniforme.

6

6 • Un vieux sous-officier du régiment, vétéran de la guerre de 1877-1878, photographié vraisemblablement à l'occasion d'une fête régimentaire, le 11 juillet. Notons les chevrons d'ancienneté sur la manche.

7

7 • L'école du régiment, composée des enfants des soldats et des sous-officiers, photographiée ici en 1911, sous le commandement du lieutenant prince Argoutinsky-Dolgoroukov II, aide de camp régimentaire.

8

8 • La musique du régiment, dont les chevaux ont en principe une robe blanche ou grise. Le plumet des colbacks est réglementairement rouge, tant pour la Garde que pour l'armée. Cette photographie permet de bien détailler les instruments en usage.

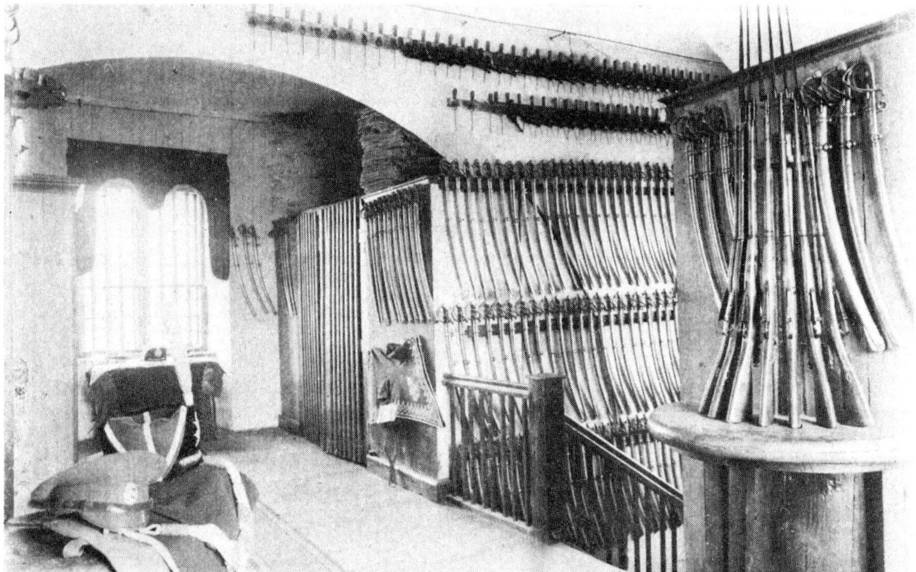

9

9 • Vue de l'armurerie du régiment à Varsovie. Les fusils modèle « Dragon », plus courts que ceux de l'Infanterie, voisinent avec les sabres de parade, copies conformes du modèle de cavalerie légère français du Premier Empire. Les chabraques de parade, les casquettes de campagne kaki comme les colbacks de grande tenue feraient rêver plus d'un collectionneur ! Tout en haut, près du plafond, sont alignés des revolvers Nagant modèle 1895.

10

10 • *Trois officiers supérieurs du régiment en 1911. De gauche à droite : prince Argoutinsky-Dolgoroukov I en petite tenue, avec casquette vert foncé à bandeau framboise, passepoils blancs, von Rosenthal et Oustinovitch tous deux en grande tenue. Nous distinguons bien ici les sabretaches framboise à galon dentelé et monogramme argent; le baudrier et les courroies sont de cuir framboise recouvert de galon argent modèle hussard.*

11

11 • *Sur cette photographie, le rotmistr Nicolas Ivanovitch Matkovski porte une élégante pelisse au col et à la bordure de castor brun foncé. On remarque également le cordon « mentichket » en filigrane argent et l'insigne régimentaire, la croix polonaise « Virtuti Militari ».*

12

12 • *Officier en « venguerka » d'hiver, à col et bordure non en castor, mais en mouton noir. Les brandebourgs sont lisses, mêlés de piqûres noir et orange, et non en filigrane comme pour la pelisse. Le colback est en castor brun foncé à flamme verte galonnée d'argent. Le galonnage est du type « hussards », en zigzag, tout comme la banderole de giberne.*

13

13 • Groupe d'officiers illustrant les diverses tenues portées avant la guerre, où kaki et « couleur » se mêlent…

14

14 • *A Varsovie vers 1912 le général Mannerheim s'entretient avec des officiers des Hussards de Grodno en tenue de campagne; au premier plan von Rosenthal, qui arpente la place d'un air pensif.*

15

15 • *Précédé de l'aide de camp régimentaire, l'étendard, protégé par sa housse, sort de l'église des Hussards de Grodno. Les officiers sont en vareuse kaki et « tchaktchiry » ordinaire framboise avec galon le long de la couture. On remarque les « rosettes » distinctives des Hussards, portées en haut des bottes.*

16 • Le Prince Argoutinski-Dolgoroukov I portant la venguerka d'hiver et la casquette de temps de paix.

17 • Eglise du régiment à Varsovie.

Régiment de cavalerie de réserve de la Garde

Le régiment ne possède pas d'insigne, mais les officiers portent un jeton d'or orné de l'étoile de Saint André. Sur l'avers sont gravés le nom du propriétaire et la date de son entrée au régiment.

1

1 • *Le rotmistr Hogental en 1913. Sorti de l'Ecole de Cavalerie Nicolas, puis affecté au 13e Dragons « Ordre Militaire », dont il porte ici les insignes, il est en grande tenue : habit du modèle de la Ligne, vert foncé sans plastron, col et parements rouges, galonnage et boutons dorés. La giberne est portée sur une banderole dorée sans passepoils : elle est cependant du modèle de la Garde, avec l'étoile de Saint André. Culotte bleue à passepoil rouge.*

2 • *Le colonel V.G. Kovalevski (alors capitaine). Remarquons le cordon fourragère, dont l'olive se fixe, en service à pied, au bouton de l'habit, et en service à cheval, à une boucle du shako. Ce cordon, de section ronde, est en fil d'or. En grande tenue, les officiers portent le sabre de cavalerie légère modèle 1909. Le pantalon enfin, en grande tenue hors rang, appelé « tchaktchiry » est de couleur vert foncé à double bande et passepoil rouges.*

2

• Ce régiment est formé le 1er janvier 1902 à partir des trois cadres de réserve composant la brigade de dépôt de cavalerie de la Garde, stationnés respectivement à Staritza, Biéjetzk et Torjok.

• Le 19 avril 1902, le régiment reçoit un étendard de modèle ordinaire, l'étoffe rouge étant ornée de la Sainte Face avec broderies d'or.

• La fête du régiment a lieu le 16 janvier.

• Ancienneté : 17 juin 1902.

• Le règlement ne fixe aucun type physique pour les hommes, et les robes des chevaux, au contraire des autres unités de cavalerie, sont de toutes couleurs.

• Stationné dans la province de Novgorod, dans les casernes Kretchevitzki, le régiment est commandé en 1914 par le général-major Lichine.

3

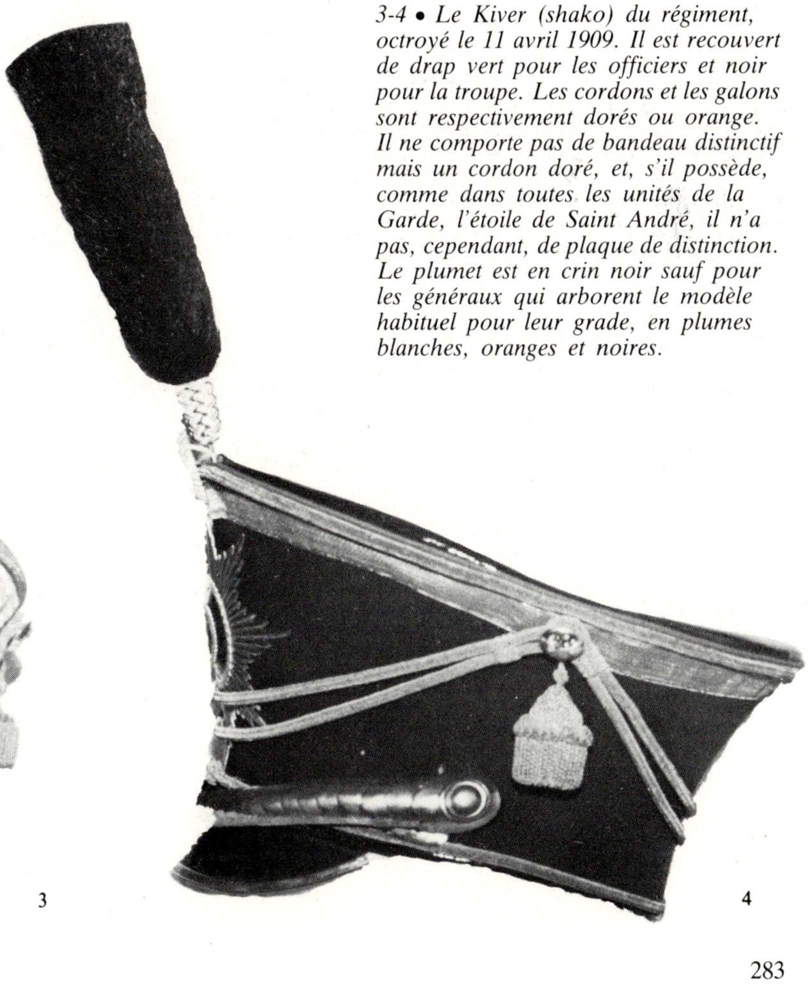

4

3-4 • Le Kiver (shako) du régiment, octroyé le 11 avril 1909. Il est recouvert de drap vert pour les officiers et noir pour la troupe. Les cordons et les galons sont respectivement dorés ou orange. Il ne comporte pas de bandeau distinctif mais un cordon doré, et, s'il possède, comme dans toutes les unités de la Garde, l'étoile de Saint André, il n'a pas, cependant, de plaque de distinction. Le plumet est en crin noir sauf pour les généraux qui arborent le modèle habituel pour leur grade, en plumes blanches, oranges et noires.

Préobrajenski. 1881-1907.

Préobrajenski. 1881-1907.

Préobrajenski. Equipage de canot. Tenue d'hiver 1908.

Préobrajenski. Porte-drapeau 1908.

Préobrajenski. 1908.

Semenovski. Tenue d'été. 1881-1907.

Semenovski. 1908.

Semenovski. 1908.

Semenovski. Equipage de canot. Tenue d'été 1908.

Izmaïlovski. 1908.

Jägerski. 1908.

Grenadierski. 1881-1907.

De gauche à droite : Sous-officier Semenovski. 12e grenadier (pas de la Garde). 1908. Sous-officier Jägerski. Sous-officier 4e Tirailleurs. Sous-officier Volynski.

Pavlovski. 1881-1907.

1er Tirailleur de Sa Majesté l'Empereur. 1881-1907.

4e Tirailleurs de la Famille Impériale. 1881-1906.

Sous-officier du 4e Tirailleurs. 1906.

Sapeur : sous-officier. 2e Tirailleurs : sous-officier. 1908.

Sapeur. 1881-1907.

Sapeur. 1908.

Equipage de la Garde.
Sous-officier.

Equipage de la Garde.

Grenadier du Palais.

Grenadier du Palais.

Artillerie. 1881-1907.

Artillerie à cheval. 1881-1907.

Chevalier-Garde.
Grande tenue.

Chevalier-Garde.
Grande tenue.

Garde à cheval. Tenue
de garde au Palais.

Garde à cheval. Tenue
de Garde au Palais.

Cuirassier de
l'Empereur.
En vice-moundir.

Cuirassier de
l'Impératrice.

Cosaque de l'Empereur.
Petite tenue. 1881-1910.

Cosaque de l'Empereur.
Grande tenue. 1881-1910.

Cosaque
de l'Empereur
en capote. 1881-1910.

Cosaque de l'Empereur.
Grande tenue. 1910.

Cosaque Atamanski. Grande tenue. 1881-1910.

Cosaque Atamanski. Grande tenue. 1910.

Cosaque escadron de l'Oural. Grande tenue. 1891-1906.

Cosaque. Régiment combiné. 1re sotnia de l'Oural. 1906.1910.

Grenadier à cheval. 1897-1914.

Grenadier à cheval. Grande tenue. 1897-1914.

Lancier de l'Impératrice. 1883-1914.

Lancier de l'Impératrice. 1883-1914.

Dragon. 1897-1907.

Hussard de l'Empereur.
Grande tenue. 1881-1914.

Hussard de l'Empereur.
1881-1914.

Lancier de l'Empereur.
1883-1914.

Hussard de Grodno.
1881-1914.

Escorte de l'Empereur.
Petite tenue. 1897-1914.

Escorte de l'Empereur.
Petite tenue. 1897-1914.

Escorte de l'Empereur.
Grande tenue. 1897-1914.

Escorte de l'Empereur.
Grande tenue. 1897-1914.

Gendarme.

INSIGNES RÉGIMENTAIRES.

Preobrajenski

Semenovski

Izmailovski

Jagerski

Moskovski

Grenadierski

Pavlovski

Finlandski

Litovski

Kexholmski

Peterbourgski

Volynski

1er tirailleurs de Sa Majesté.

2e tirailleurs de Tsarskoie-Sélo.

3e tirailleurs de Sa Majesté.

3e bataillon finnois de tirailleurs.

4e tirailleurs de la Famille Impériale

Régiment combiné d'infanterie.

Sapeurs de la Garde.

Equipage de la Garde

Chevaliers - gardes

Cuirassiers de l'Empereur.

Cuirassiers de l'Impératrice.

Cosaques de l'Empereur.

Cosaques Atamanski

Régiment combiné de cosaques.

Grenadiers à cheval

Dragons

Lanciers de l'Empereur.

Hussards de Grodno

Escorte personnelle de Sa Majesté (Konvoï)

Artillerie à cheval.

6ᵉ batterie Don.

Artillerie montée 1ʳᵉ Brigade.

Artillerie montée 2ᵉ brigade.

Artillerie montée 3ᵉ brigade.

Jubilé des Lanciers de l'Empereur.

Jubilé garnison de Tsarskoié-Sélo.

Jeton 5ᵉ batterie d'Artillerie à cheval.

Service dans l'Escorte de Nicolas II.

Corps des Pages.

Etat-major de la Garde.

Insignes de troupe.

Haut en bas, gauche à droite.
1. *Grenadierski.*
2. *Volynski (jubilé).*
3. *Semenovski.*
4. *Lanciers de l'Empereur.*

L'escadron des Gendarmes de la Garde

Les gendarmes ne portent pas d'insigne, mais un jeton représentant leur casque argent sur fond de plastron rouge, surmonté par la plaque de distinction argent, et de part et d'autre entouré d'un ruban bleu ciel portant les dates jubilaires « 1815-1890 ». Le casque est posé sur deux sabres croisés. Au revers se voit le casque modèle 1815 et les dates : 1828-1829-1830-1831-1849-1853-1877-1878 et, derrière la plaque de distinction, le nom du récipiendaire.

1 • Lieutenant en grande tenue photographié au moment du changement de règne en 1894.
L'uniforme des Gendarmes est traditionnellement bleu-clair avec bouton argent. La chabraque est également bleu-clair à passepoil rouge et monogramme d'argent (ici, le monogramme est encore celui d'Alexandre III). Le casque est celui des Cuirassiers, mais entièrement argent. Les chevaux ont une robe grise.
Si la silhouette des Gendarmes rappelle celle des Cuirassiers (surtout à cause du casque), il faut cependant noter qu'ils portent le sabre et non la latte (en tenue de parade) et que la chabraque est celle du modèle de la cavalerie légère.

2 • Sous-officier. Tout comme les Cuirassiers, les Gendarmes portent pour les revues en présence de l'Empereur ou hors rang (comme c'est ici le cas), le casque surmonté de l'aigle; pour les autres occasions, le casque est simplement surmonté de la grenade argent enflammée.
La troupe porte l'habit bleu-clair à passepoils rouges au col et aux parements, le long de la poitrine et aux poches. Les boutonnières oranges sont celles de la Garde et les pattes d'épaules sont rouges à liseré bleu-ciel. Ce sous-officier porte, comme le veut son rang, un galon argent au col et aux parements et, comme tous, des aiguillettes de laine orange.

• Créé le 27 décembre 1815, le demi-escadron de Gendarmes de la Garde est chargé essentiellement de la prévôté de la Garde, et reçoit le 6 janvier 1816, les privilèges de la Vieille Garde. Le 18 septembre 1876 il est transformé en détachement-cadre de Gendarmes de la Garde et le 24 août 1877, lorsque la Garde est mobilisée pour la guerre contre la Turquie, il devient escadron des Gendarmes de la Garde, pour reprendre son appellation précédente à la fin de la guerre, le 23 octobre 1878.

Le 12 août 1887, enfin, il se transforme en « Escadron de Gendarmerie de campagne de la Garde ».

• En 1828, l'unité participe à la campagne contre les Turcs avec le Corps de la Garde et un peloton est attaché au Quartier général de l'Empereur. En 1831, elle prend part à la campagne de Pologne, en 1849, accompagne la Garde à la frontière polonaise avant la campagne de Hongrie et se bat en 1877 contre la Turquie avec les autres régiments de la Garde.

• La plaque de distinction portée sur la coiffure, attribuée le 17 avril 1878, porte l'inscription « Pour distinction dans la guerre contre la Turquie en 1877-1878 ». L'escadron ne possède pas d'étendard.

• La fête de l'Escadron a lieu le 6 décembre, jour de Saint Nicolas le Thaumaturge.

• Ancienneté : 27 décembre 1815.

• Aucun type physique n'est prescrit pour les hommes.

• Stationné à Saint-Pétersbourg, l'escadron de Gendarmerie est commandé en 1914 par le général-major M. Sokhanski.

Escorte personnelle de l'Empereur (Konvoï)

L'insigne, créé le 20 juin 1909, pour le centenaire des 1re et 2e sotnias du Kouban, représente un bouclier en argent oxidé avec une couronne, une épée et le chiffre « 100 » dorés. Il aurait été conçu par l'Impératrice Alexandra Feodorovna.

1 • Le tsarevitch, futur Nicolas II, en petite tenue de l'Escorte. On distingue particulièrement bien les « gazéri » ou fausses cartouches de poitrine et le galon spécifique de l'unité.

L'Escorte personnelle de l'Empereur est composée de quatre sotnias : deux du Kouban et deux du Terek.

L.G. Sotnias du Kouban

• Le 18 mai 1811 est créé la « L.G. sotnia de la Mer Noire », rattachée au régiment des cosaques de la Garde, qui devient escadron le 25 avril 1813. Le 1er juillet 1842, la sotnia, détachée des Cosaques de la Garde devient groupe d'escadrons à effectif de division (1/2 régiment). Au cours des cinquante années suivantes, l'unité va être en continuelle réorganisation. Le 2 février 1861, elle est rattachée à l'Escorte personnelle de l'Empereur, formant les 1er, 2e et 3e escadrons de cosaques du Caucase, chaque escadron comprenant deux tiers de cosaques du Kouban et un tiers du Térek. Le 26 mai 1863, l'escadron de Tatars de Crimée, réduit à un peloton, est rattaché à l'escorte. Le 7 octobre 1867, nouvelle modification : l'unité se compose de l'Escorte personnelle de l'Empereur, des 1er et 2e escadrons de cosaques du Kouban et de l'escadron de cosaques du Terek.

Le 2 décembre 1881, l'Escorte est réorganisée avec 2 escadrons de cosaques du Kouban et 2 du Terek, plus le peloton de Tatars de Crimée. Le 18 mai 1890, ce dernier est supprimé et, le 14 mars 1891, les escadrons redeviennent « sotnias ». L'Escorte personnelle de Sa Majesté comprend donc : les 1re et 2e sotnias du Kouban et les 3e et 4e sotnias du Terek.

• Les sotnias du Kouban possèdent un étendard de Saint Georges portant l'inscription « 1811-1911 » et la banderole de Saint André, remis le 18 mai 1911 en remplacement de celui porté jusqu'alors, et qui venait du groupe d'escadrons de la Mer Noire, qui l'avait reçu le 30 août 1856. Les trompettes d'argent portent l'inscription : « L.G. division des cosaques de la Mer Noire, pour distinction de la sotnia de la Mer Noire contre l'ennemi en 1813, au sein du L.G. régiment de cosaques ».

La plaque de distinction de coiffure porte l'inscription « Pour distinction dans la guerre contre la Turquie 1877-1878 », accordée le 17 avril 1878.

L.G. Sotnias du Terek

• Le 12 octobre 1832 est mis sur pied un détachement de cosaques du Caucase des régiments de la Ligne (« Ligne » signifie ici les lignes de postes et garnisons tenus par les cosaques aux frontières). Il sert d'escorte à l'Empereur avec l'escadron de Montagnards du Caucase formé en 1828.

Les 30 avril 1838 et 11 mars 1839 y sont rattachées deux unités : respectivement un détachement de Lesguines et un peloton de Musulmans.

Après refonte, le 18 novembre 1856, la sotnia se compose donc : d'un peloton de Géorgiens, d'un peloton de Montagnards, d'un peloton de Lezguines et d'un peloton de Musulmans qui forment l'escadron de cosaques du Caucase de la Garde.

Le 2 février 1861 il fusionne avec le L.G. Groupe d'escadrons de cosaques de la Mer Noire et forme le 1er, 2e et 3e escadrons de cosaques du Caucase dont un seul, à tour de rôle, est en service actif.

Le 10 juin 1863, y est rattaché un peloton de Tatars de Crimée. A partir de 1867, l'histoire des sotnias du Terek se confond avec celle des sotnias du Kouban ci-dessus.

• Les sotnias du Terek possèdent un étendard de Saint Georges accordé le 26 novembre 1867 avec l'inscription. « Pour le remarquable service en campagne du régiment de cosaques du Terek. »

L'unité possède en outre 3 trompettes d'argent datées 1830.

La plaque de distinction de coiffure porte « Pour Lovtcha le 25 août 1877 »; accordée le 17 avril 1878.

• Jusqu'en 1831, l'histoire des campagnes se confond avec celle du régiment des Cosaques de l'Empereur. En 1877, la moitié de l'escadron des cosaques du Kouban combat à Gorny Dubniak et, avec le 2e escadron, se trouve à la prise de Telich. L'escadron du Terek, lui, se distingue à Lovtcha le 25 août 1877.

• La fête de l'unité est le 4 octobre, jour de Saint Iérophé.

• Ancienneté : Sotnias du Kouban : 18 mai 1811. Sotnias du Terek : 12 octobre 1832.

• L'Empereur Nicolas II est Chef de l'unité, comme l'avaient été Alexandre II et Alexandre III. Le tsarevitch Alexis est inscrit sur les listes à sa naissance. Le Grand duc Michel Alexandrovitch le sera le 4 octobre 1900 et le Grand duc Michel Nicolaevitch y figurera de 1863 au 5 décembre 1909.

• Stationnée à Tsarskoié-Sélo, l'Escorte, en 1914, est commandée par le général major comte Grabbe.

2 • Service religieux à Tsarskoié Sélo. Le tsarevitch, en costume marin, s'avance pour baiser la croix tendue par le prêtre. A droite, à côté d'un drapeau de la Ligne, les deux étendards de l'Escorte; le gland que l'on aperçoit au niveau de la ceinture du porte-étendard est celui du porte-boussole.

3 • Moscou, 26 mai 1896. Les officiers de l'Escorte attendant avant le défilé du couronnement de Nicolas II. Ils sont en grande tenue rouge, épaulettes argent. Notons les « nagaïkas » et les étuis de revolver recouverts de drap bleu galonnés d'argent à trois filets d'or.

4 • Etendard des sotnias du Kouban jusqu'en 1911. Du modèle 1817 et donné en 1856 au groupe d'escadrons de la Mer Noire, il est en étoffe jaune aux carrés d'angle rouges et à broderies d'argent. L'aigle de hampe est du modèle 1875.

5 • Etendard des sotnias du Terek. Du modèle 1860, il fut remis le 26 novembre 1867. En étoffe jaune, à carrés d'angles rouges et broderies d'argent, il se distingue du précédent par les coins mi-partie noirs et blancs coupés d'une bande bissectrice orange. L'aigle de hampe est lui aussi du modèle 1875.

6

6 • *Photographié le 4 octobre 1909 le tsarevitch Alexis en uniforme du Konvoï, sur les listes duquel il a été inscrit dès sa naissance, le 30 juillet 1904. Il porte la grande tenue rouge et la « papakha » (bonnet de fourrure caractéristique des cosaques) avec la banderole pour distinction.*

8

7

7 • *L'Empereur est toujours accompagné de deux trompettes de l'Escorte dits « Trompettes de Sa Majesté », dont l'uniforme se distingue des autres trompettes de l'unité par les nids d'hirondelles, et par le galonnage de laine jaune aux manches mais aussi sur la poitrine. Ils portent à la fois une trompette et un clairon en cuivre argenté, avec cordons et glands argent et ornés du monogramme doré « N II ». Se tenant derrière l'Empereur, ils transmettent par leurs sonneries les différents commandements.*

8 • Très beau portrait d'un sous-officier en 1913. Le fond de la papakha de fourrure noire est en drap rouge à galonnage en croix d'argent à filet or (en laine jaune pour les simples cosaques), ce galonnage étant repris sur le pourtour. La banderole de distinction n'est pas portée en petite tenue. Ce sous-officier porte ici la « tcherkeska » de tenue ordinaire de couleur bleu foncé, sur laquelle sont fixées des tresses d'épaule (au lieu de pattes d'épaule pour la troupe) en cordon torsadé orange et le monogramme argent de Nicolas II, accordé à l'unité en 1897. Sur chaque côté de la poitrine, 8 cartouches (nombre officiel selon le règlement, en fait beaucoup plus), recouvertes de velours bleu foncé bordées de tresses oranges à filets bleus, argent à filets or pour les sous-officiers. La tcherkeska, sans col et ouverte en triangle sur la poitrine, recouvre le « bechmet », rouge en petite tenue, ici avec galon argent de sous-officier au col. La tresse passant sur l'épaule gauche est le porte-boussole propre à cette unité, de soie noire à motifs argent.

9 • L'Impératrice est ici avec l'Empereur et le tsarevitch, tous deux en uniforme de l'Escorte. La papakha des officiers comporte, partant d'un bouton cônique argent situé au sommet, un galonnage de huit rayons or et argent.

10 • Livadia 1913 : l'Empereur et le tsarevitch, ce dernier en uniforme du 4e Tirailleurs de la Garde, passent devant l'Escorte, suivis du comte Fredericksz, Ministre de la Cour. A droite, on aperçoit des éléments du régiment combiné.

9

10

11 

11 • L'Empereur, son fils et ses quatres filles entourés des officiers de l'escorte lors de leur fête régimentaire le 4 octobre 1916 à Mogilev, où se trouve le quartier général de l'armée russe « la Stavka ». Ils sont en tenue de campagne : Tcherkeska grise sans galonnage. Au-dessus des cartouches, à gauche de la poitrine, l'insigne de l'unité.

 1

12 • Tsarskoié Sélo, juillet 1914, visite du Président Raymond Poincaré. Un officier du Konvoï s'entretient avec un officier de cavalerie de l'Armée. Il est en petite tenue, tcherkeska bleue et bechmet rouge, à galons argent filetés d'or. On remarque les chaînettes argent reliées deux par deux à cinq rosettes au-dessus des dix cartouches (nombre réglementaire pour les officiers) : ce sont en fait des pièces de bois à têtes en argent oxydé et travaillé. A côté de la dragonne, le fouet cosaque « nagaïka » indispensable en l'absence d'éperons qui ne sont traditionnellement jamais portés. Les bottes, de modèle caucasien, sont en cuir fin très souple, et non du modèle de cavalerie réglementaire. Détail amusant : à gauche, attentif, la brosse à la main, l'ordonnance veille à ce que le moindre grain de poussière ne vienne se poser sur la tenue de « son » officier ! (photo Roger Viollet).

ARTILLERIE

Artillerie montée

Insigne de la 1re brigade.
Croix dorée surmontée d'une couronne, avec sur les branches les monogrammes de Pierre le Grand, Paul Ier, Alexandre Ier et Nicolas II. Au centre une tête de lion tenant un canon dans sa gueule, et autour les dates : « 1683-1796-1816 et 1909 en argent.

Insigne de la 2e brigade.
Croix de Malte blanche, liserée d'or, au centre aigle doré avec le monogramme de Nicolas II.

Insigne de la 3e brigade.
Croix de Bazardjik dorée avec au centre le monogramme d'Alexandre I.

1 • Visite de l'Empereur de la 2ᵉ brigade (1910 ou 1912). Aux côtés du souverain, le Grand duc Michel Alexandrovitch, chef de la brigade, et le général-major Wladimir Andreievitch Lekhovitch, commandant de la brigade depuis le 5 décembre 1909. En grande tenue, les officiers portent le nouvel uniforme adopté en 1907, vert à plastron noir liseré de rouge.

• Son origine remonte aux compagnons de jeux guerriers du futur Pierre le Grand, surnommés « les amuseurs », et qui formeront le noyau de la Garde impériale. Dès cette époque, Pierre avait senti le rôle primordial de l'artillerie qui, dans l'histoire militaire russe, occupera toujours une place de choix, et avait joint à ses hommes un détachement de « Bombardiers ». Après de multiples transformations, ceux-ci constituent sous Nicolas II l'Artillerie de la Garde, qui se compose de 3 brigades comprenant chacune 6 batteries d'artillerie montée et une brigade de 6 batteries « à cheval ».

• L'artillerie russe ne possédait ni drapeaux, ni étendards.

• La fête de l'ensemble de l'arme, pour la Garde, a lieu le 6 août, jour de la Transfiguration.

1re brigade :

Stationnée à Saint-Pétersbourg, elle est commandée en 1914 par le général-major Nicolas Petrovitch Demidov, et a pour Chef, depuis le 2 novembre 1894 (date de son avènement) l'Empereur, inscrit sur les listes de l'unité depuis sa naissance. Le tsarevitch Alexis y sera inscrit lui aussi dès sa naissance, le 30 juillet 1904. Font également partie de la brigade les Grands ducs Serge Alexandrovitch et Alexandre Michel Georguievitch de Mecklemburg-Strelitz.
Le 20 juin 1909, la brigade reçoit un insigne de poitrine. Croix dorée avec au centre un bouclier rond d'argent oxydé portant une tête de lion tenant un canon dans la gueule et les dates : 1683 - 1796 - 1816 - 1909. Depuis 1910, les officiers de la 1re batterie portent un hausse col identique à celui du régiment Préobrajenski privilège étendu à toutes les batteries en 1913. Sa fête est le 9 novembre.

2e brigade :

Stationnée à Saint-Pétersbourg, elle est commandée en 1914 par le général-major Sivers et a pour Chef le Grand duc Michel Alexandrovitch, frère de l'Empereur Grand maître de l'artillerie russe, successeur depuis le 5 décembre 1909 du Grand duc Michel Nicolaevitch. La 1re batterie porte en conséquence le monogramme « M » sur les épaulettes et pattes d'épaule. La brigade, qui reçoit un insigne de poitrine le 17 août 1909, célèbre sa fête le 3 février. Insigne : croix de Malte blanche avec aigle et monogramme de Nicolas II, dorés.

3e brigade :

Stationnée à Varsovie, elle est commandée en 1914 par le général-major Alexandre Wladimirovitch Bourmann, ancien élève du Corps des Pages et ancien colonel des Chasseurs de la Garde. Son Chef, depuis le 14 avril 1859, est le Grand duc Nicolas Mikhailovitch. Sa fête commune aux 6 batteries est le 6 décembre, jour de Saint Nicolas le Thaumaturge.

Les officiers portent un hausse col semblable au modèle 1820 de la Garde, accordé à la brigade en 1913. Celle-ci reçoit un insigne de poitrine le 27 janvier 1911 : croix de Bzardjisk et monogramme d'Alenxandre Ier, dorés.

Dans un but de simplification, les renseignements concernant chacune des 6 batteries des 3 brigades d'artillerie de la Garde sont regroupés dans le tableau synoptique suivant.

Brig.	Bat.	Création	Distinction	Plaque de distinction de coiffure	Divers
2	1	9.11.1796	2 trompettes de Saint Georges d'argent (identiques à la 1re batterie de la 1re brigade). 1 trompette jubilaire de Saint Georges « Pour distinction etc. » « 1796-1896 » avec ruban de Saint André.	Remise en 1879 « Pour Philippopol les 3, 4 et 5 janvier 1878 ».	Fête le 8 novembre. Appelée « 1re batterie du Grand duc Michel Nicolaevitch ».
2	2	9.11.1797	2 trompettes de Saint Georges sans inscription. 1 trompette jubilaire de Saint Georges « 1796-1816-1896 » avec ruban de Saint André.	Remise en 1879 « Pour Arabokonak du 20 novembre au 20 décembre 1877 ».	Fête le 6 décembre.
2	3	9.11.1796	2 trompettes de Saint Georges identiques à celles de la 1re batterie de la 1re brigade. 1 trompette jubilaire de Saint Georges « 1796-1803-1896 » avec ruban de Saint André.	« Pour distinction dans la guerre contre la Turquie 1877-1878 ».	Fête le 26 novembre.
2	4	5.8.1873		Remise en 1879 « Pour Telich le 16 octobre 1877 ».	Fête le 30 août (Saint Alexandre Nevsky).
2	5	13.2.1873		Remise en 1879 « Pour Telich le 16 octobre 1877 ».	25 septembre (Saint Serge de Radonège).
2	6	10.8.1870		Remise en 1878 « Pour distinction dans la guerre contre la Turquie 1877-1878 »	Fête le 6 décembre.
3	1	24.10.1817	Trompettes de Saint Georges (1831) : « Pour distinction lors du rétablissement de l'ordre en Pologne en 1831 ».	« Pour Telich le 16 octobre 1877 ».	1re batterie du Grand duc Nicolas Mikhaïlovitch.
3	2	29.11.1796	Trompettes de Saint Georges (1831) : « Pour Varsovie les 25 et 26 août 1831 ». 1 trompette jubilaire de Saint Georges avec la même inscription et « 1796-1896 » et le ruban de Saint André.	Remise en 1879 « Pour Telich le 16 octobre 1877 ».	

Brig.	Bat.	Création	Distinction	Plaque de distinction de coiffure	Divers
1	1	23.5.1683 (bombardiers).	1 trompette d'argent (1813) « Pour distinction lors de la défaite et l'éviction de l'ennemi hors de Russie - 1812 » 1 trompette d'argent (1835). 1 trompette de Saint Georges (1883 avec ruban de Saint André et inscription supplémentaire « L.G. 1re brigade d'artillerie, 1re batterie de S.A.I. le Grand duc Michel Pavlovitch ».	Remise en 1879 : « Pour Tachkisen le 19 décembre 1877 ».	Insigne de poitrine propre commémorant le bicentenaire des Bombardiers de Pierre le Grand. Fête le 6 décembre.
1	2	9.11.1796	2 trompettes de Saint Georges (1835). 1 trompette jubilaire de Saint Georges « 1796-1816-1896 » avec ruban de Saint André.	Remise en 1879 « Pour Chandornik du 20 novembre au 20 décembre 1877 ».	Fête le 26 novembre (Saint Georges).
1	3	9.11.1796	Mêmes trompettes de Saint Georges que pour la 1re batterie. 1 trompette jubilaire de Saint Georges avec ruban de Saint André « Pour distinction lors de la défaite et l'éviction de l'ennemi hors de Russie - 1812 ».	« Pour Tachkisen le 19 décembre 1877 ».	Fête le 8 novembre (archistratège Saint Michel).
1	4	5.8.1873		Remise en 1879 « Pour les 3, 4 et 5 janvier 1878, sous Philippopol ».	Fête le 22 octobre (Icône de la Vierge de Kazan).
1	5	13.2.1878		Remise en 1873 « Pour Chandornik, Arabokoniak, du 16 novembre au 20 décembre 1879 ».	Fête le 1er octobre (Protection de la Sainte Mère de Dieu).
1	6	10.8.1870		Remise en 1878 « Pour distinction pendant la guerre contre la Turquie 1877-1878 ».	Fête le 6 décembre.

Brig.	Bat.	Création	Distinction	Plaque de distinction de coiffure	Divers
3	3	1.2.1807	Trompettes de Saint Georges identiques à celles de la 2e batterie. 1 trompette jubilaire de Saint Georges identique à celle de la 2e batterie, mais avec « 1807-1907 » et ruban de Saint André.	« Pour Philippopol les 3 et 5 janvier 1878 » remise en 1879.	
3	4	5.8.1879		Remise en 1879 : « Pour Plevna du 20 octobre au 28 novembre 1877 ».	
3	5	13.2.1873		Remise en 1879 « Pour Telich le 16 octobre 1877 ».	
3	6	10.8.1870		Remise en 1879 « Pour Philippopol les 3 et 5 janvier 1878 ».	

Appartiennent également à l'Artillerie de la Garde les unités suivantes :

- La L.G. 1re division de mortiers, stationnée à Pavlovsk, créée le 6 mars 1913. Fête le 21 novembre.
- La L.G. 2e division de mortiers, créée en 1915.
- La L.G. division de mortiers légers.
- La 1re division d'Artillerie lourde de la Garde. Fête le 13 février.
- La 2e division d'Artillerie lourde de la Garde.
- La division d'Artillerie de réserve de la Garde, créée le 10 février 1830. Fête le 6 décembre.
- La division d'Artillerie des Tirailleurs de la Garde (2 batteries), créée le 1er janvier 1898. Fête le 25 septembre, jour de Saint Serge de Radonège. Elle porte pour insigne de coiffure une plaque distinctive avec l'inscription : « Pour distinction contre les Chinois en 1900 ».
- Les 3 parcs d'Artillerie de la Garde créés le 22 mars 1877, supprimés en 1914.

2

2 • *Mise en position d'une pièce lourde de 8,7 cm modèle 1895 vers 1900. Le brigadier pointeur porte, comme dans toute l'Artillerie, une tresse dorée longitudinale sur les pattes d'épaule.*

4

4 • *Le lieutenant Serge Nicolaevitch Potozki, de la L.G. 2e brigade d'Artillerie porte ici le sobre uniforme adopté en 1882, vert et sans plastron, qui subsistera jusqu'en 1907. Traditionnellement la couleur distinctive de l'Artillerie russe est noire à liseré rouge, en velours pour les officiers et en panne pour la troupe. La broderie de col est commune aux trois brigades. Le jeton du Corps des Pages, la célèbre Croix de Malte émaillée blanche, est ici portée près de la patte d'épaule. Enfin, sur le côté gauche, on voit l'insigne argent (à l'inverse du bouton doré de l'Arme) créé en 1894 pour les officiers et soldats en service sous le règne d'Alexandre III.*

3

3 • *Le Grand-Duc de Mecklembourg-Strelitz, appartenant à la 1re batterie de la 1re brigade depuis le 25 juillet 1863.*

5 • *Groupe de sous-officiers de la 3ᵉ brigade en 1910. Ils sont en grande tenue, drap noir, plastron, col et parements de panne noire à liseré rouge. Pattes d'épaules rouges (avec passepoil noir jusqu'en mars 1911), boutonnières oranges au col et pattes de parement. Les cuirs sont noirs avec plaque de cuivre représentant l'aigle et les canons croisés. Au centre, l'adjudant barbu porte, lui, un ceinturon à boucle en cuir naturel. L'arme est la shashka d'artillerie modèle 1881, plus courte que celle de la cavalerie (lame de 76 cm). Depuis 1909, la troupe porte un poignard courbe appelé « beïbout ».*

5

6

6 • *Les trompettes de Saint Georges de la 1ʳᵉ brigade, portée par les musiciens montant, comme le veut la tradition, des chevaux de robe blanche ou gris pommelé. Les montures sont des alezans pour le reste de la 1ʳᵉ brigade, bais pour la 2ᵉ et noirs pour la 3ᵉ. Ces trompettes ont une forme caractéristique, différentes des trompettes de jubilé, modernes. Les pavillons de fanfare, courants dans la cavalerie n'ont rien de réglementaire. Les tapis de selle, enfin, sont en drap noir, à bande de même passepoilée de rouge, avec le monogramme de Nicolas II en jaune.*

7

7 • *1913 : L'Empereur et son fils en compagnie d'officiers de la 1ʳᵉ brigade, Ceux-ci portent le hausse-col modèle 1910 du régiment Préobrajenski, rappelant qu'à l'origine, les compagnies de Bombardiers étaient rattachés au Préobrajenski et au Semenovski. Ce hausse-col, d'abord attribué à la 1ʳᵉ batterie en 1910, fut ensuite étendu à toute la 1ʳᵉ brigade par décret du 26 janvier 1913. Les pattes de parements rouges sont bordées du passepoil blanc distinctif de la 1ʳᵉ brigade.*

8 • *Le général Sivers, commandant la 2ᵉ brigade, à laquelle avait également appartenu son père, sous Alexandre II. Il porte sur le shako le plumet distinctif des généraux, en plumes noires, oranges et blanches. En tant que commandant d'unité, le cordon du shako passe sur le devant de la coiffure. On distingue nettement le galonnage des pattes de parements et du collet, créé en 1809 pour l'Artillerie de la Garde.*

8

9 • *Obusier modèle 1910 en position. Les hommes s'affairent autour de la pièce, tandis que le caisson s'éloigne. Les artilleurs sont armés de l'inutile et gênant poignard courbe « beïbout », modèle 1909, qui a remplacé la shashka : sa principale utilité consiste à découper la viande, parfois un peu ferme, fournie par l'intendance !*

9

10

10 • Un général-major de la 1re brigade, dont il porte ici l'insigne, attribué le 20 juin 1909, représentant l'ancien emblème de l'artillerie moscovite : une tête de lion tenant dans sa gueule un canon. Le général est en vareuse de campagne kaki (quel lecteur pourra nous préciser le nom de cet officier?).

11

11 • Aux débuts « frais et joyeux » de la guerre succèdent bientôt pluie et boue, comme en font ici l'expérience ces officiers photographiés quelques part en Prusse Orientale.

12

12 • Les « jeunes » partent pour le front en 1915 sous l'œil attendri de ce chef de gare, à l'uniforme civil caractéristique. Sans doute sous le coup de l'émotion, l'officier de droite a bouclé son ceinturon à l'envers !

Artillerie à cheval

L'insigne régimentaire, commun à toutes les Batteries (sauf celle du Don) fut créé tardivement, à l'initiative du Grand duc André Vladimirovitch qui en fit le dessin. Il fut adopté le 26 avril 1916, un an avant la Révolution et représente une croix d'argent oxidée, bordée d'or, tout comme le médaillon central, chargé du monogramme doré de Nicolas II.

8

8 • Grande parade de l'Artillerie à Tsarskoié-Sélo le 27 avril 1913. Montée comme il se doit sur des chevaux blancs, voici la musique de l'Artillerie à cheval, à côté d'un groupe de généraux de diverses armes. A gauche, en tenue de Hussard, le général Soukhomlinov, puis le Grand duc Serge Mikhailovitch, à droite, Sabline, chef de la musique.

9

9 • Le même jour, après la parade, « moleben » en présence de l'Empereur.

0

10 • Toujours le 27 avril 1913, groupe d'officiers de l'Artillerie à cheval. On remarque parmi eux, trois artilleurs de la ligne, reconnaissables à leur casque de dragon et à leur shashka, portée au lieu du sabre de cavalerie légère.

11

12 • A la gare de Louga, en 1910, fin des manœuvres. Les hommes de la 5ᵉ batterie rechargent les pièces sur les plates-formes des wagons. Etant en tenue de campagne de temps de paix, ils portent le cordon-fourragère, orange pour la troupe.

11 • Officier subalterne en grande tenue. Il porte le nouvel uniforme à plastron noir adopté en 1907, bleu-vert foncé, col et parements de velours noir brodés d'or, sabre de cavalerie légère modèle 1909. Kiver modèle 1910, vert foncé à fronton de velours noir, cerclé d'or. Cordon fourragère modèle Dragon, accroché au 2ᵉ bouton de l'habit. L'année suivante, en 1911, le plumet deviendra blanc. Sur la poitrine, sous l'insigne du Corps des Pages, celui du Jubilé du Grand maître, créé le 17 janvier 1906 et attribué à tous les officiers ayant servi à l'époque du Grand duc Michel Nicolaevitch, de 1856 à 1906.

12

2

2 • La section d'instruction de l'Artillerie à cheval de la Garde en 1896. On reconnaît parmi les élèves, grâce à leur papakha de fourrure, plusieurs cosaques qui portent en outre le monogramme d'Alexandre III sur les pattes d'épaule. Ils sont armés de la shashka cosaque modèle 1881, sans branche de garde.

3

3 • Le 27 avril 1913, à Tsarskoié-Sélo, la 6ᵉ batterie du Don défile devant l'Empereur, en tenue d'Artilleur à cheval de la Garde. A ses côtés et de face, le commandant de la batterie, A.V. Oupornikov.

4

4 • Le même jour, les adjudants des batteries dont l'Empereur est le Chef font leur rapport au souverain. De gauche à droite, au premier plan, l'adjudant de la 6ᵉ batterie du Don, Pastoukhov, et celui de la 1ʳᵉ batterie, Skourotov. En arrière, le général-major N.A. Oranovski, commandant de l'Artillerie à cheval de la Garde.

5

5 • Mai 1914 : repas en commun des officiers du régiment Atamanski et de ceux de la 6e batterie du Don au mess de ces derniers. Officiers identifiés :
1) Le Grand duc André Wladimirovitch, commandant la 6e batterie, en vareuse de campagne kaki à passepoil noir aux parements.
2) Accoudé au balcon, le Grand duc Boris Wladimirovitch, commandant le régiment Atamanski, en vareuse kaki à passepoil de manches bleu céleste.
3) Colonel Oupornikov, de la 6e batterie.
4) Colonel Abramov.
5) Colonel Tramline.
6) Colonel Sazonov, de l'Atamanski.

6

6 • Deux frères cosaques, tous deux aides de Camp, les Konkov. Le premier, à droite, sert au régiment Atamanski, le second, à gauche, à la 6e batterie du Don.
Ils sont en « Tchekmen », redingote sans boutons. Celle de l'artilleur est verte à col de velours noir passepoilé rouge, celle de son frère bleu-foncé à col passepoilé bleu céleste. Si l'artilleur porte bien le « klitch » propre à sa batterie, son frère, en revanche, tient curieusement un sabre de cavalerie légère.

GLOSSAIRE ET ABRÉVIATIONS.

- Ancienneté : date à partir de laquelle est décomptée l'ancienneté d'un régiment, en règle générale sa date de fondation. Dans certains cas celle du régiment dont il est éventuellement issu.
- Bechmet : chemise caucasienne portée sous la Tcherkeska.
- Du bouton : expression désignant le métal (couleur), or ou argent, non seulement des boutons, mais également du galonnage, des pattes d'épaules.
- Charivari : culotte plus large que le Tchaktchiry, longue ou courte.
- Chef d'une unité : chef honoraire (et non commandant effectif), tel l'Empereur, l'Impératrice ou autre personnage d'importance.
- Commandant d'une unité : officier exerçant réellement le commandement. Dans la Garde, au moins un général-major. Il peut arriver, en cas de vacance par exemple, qu'un colonel « fasse fonction de Commandant ».
- Dolman : vêtement de hussard, sans fourrure.
- Dragounka : habit porté en « petite tenue » par les officiers de Dragons.
- Echarpe : terme désignant ce qui apparaît comme la ceinture d'officier, en fil d'argent orné de pointillés sur trois rangs, régulièrement disposés de couleur orange et noir. Le véritable ceinturon, auquel est suspendu le sabre ou la shashka, est porté en-dessous, ou sous la veste selon la tenue.
- G.M. : Général-Major.
- G.L. : Général-Lieutenant.
- G.I. ; G.C. ; G.A. : Général d'Infanterie, de Cavalerie, d'Artillerie.
- Gymniastiorka : vareuse de campagne à col droit et fente de poitrine.
- Kittel : vareuse d'été (blanche ou kaki selon l'époque).
- Klitch : sabre de type asiatique, porté par les officiers de Cosaques de la Garde.
- Liadounka : giberne portée par les officiers des troupes montées, en métal argenté, ornée de l'étoile de Saint André (et des canons croisés pour l'Artillerie).
- L.G. : de « Leib-Garde » (en allemand : garde du corps) terme désignant la Garde impériale et précédant, en Russe, le nom du régiment. Par exemple : L.G. Préobrajenski.
- Mentichket : cordon de pelisse porté par les Hussards, les Lanciers et les Dragons de la Garde.
- Oulanka : habit porté en tenue quotidienne par les officiers de Lanciers.
- Papakha : bonnet de fourrure.
- Pelisse : vêtement typique de Hussard, bordé de fourrure, porté « chaussé » ou sur l'épaule.
- Schabraque : tapis de selle porté en grande tenue, variant avec l'arme.
- Shashka : sabre de campagne « à la Russe », commun aux officiers de toutes armes et à la troupe, avec des variantes pour les seuls cosaques.
- S.I. : Suite Impériale.
- Tchaktchiry : pantalon étroit et long, à double bande et passepoil, porté hors rang par les officiers des troupes montées. Ce terme désigne aussi la culotte des Hussards.
- Tchekmen : redingote sans boutons portée par les Cosaques.
- Tcherkeska : vêtement long des cosaques du Caucase, porté par l'Escorte personnelle de l'Empereur (Konvoï).
- Tessak : glaive à la romaine, utilisé par les troupes de la Garde.
- Type physique : il s'agit de celui, déterminé par le règlement, applicable uniquement à la troupe (à l'exclusion des officiers).
- Venguerka : habit porté en tenue quotidienne par les Hussards.
- Vice-moundir : vareuse de petite tenue ou quotidienne, portée par certaines unités : cuirassiers, artillerie à cheval.
- Vieille Garde : unités les plus anciennes de la Garde, bénéficant de certains privilèges (par opposition à Jeune Garde, dont les privilèges sont moins notables).